U0145351

凝煉知識品味閱讀

凝煉知識品味閱讀

圖解系列

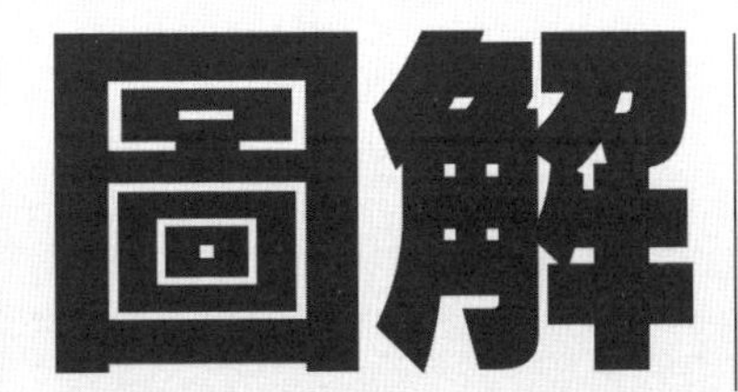

成本與管理會計

第二版

馬嘉應 博士
張展鏡 著

五南圖書出版公司 印行

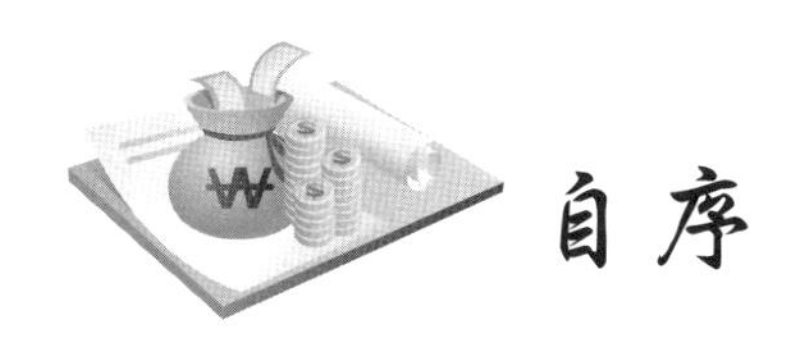

自序

成本與管理會計學為今日科技與工商發達所必須具備的會計知識。在競爭激烈的商場上，管理當局除了必須做好其本身的內部控制，更要有制定正確決策的能力，使企業價值達到最大。由於企業環境變遷快速，對於管會新技術必須要加以瞭解，才能跟進時代的腳步。由於成本與管理會計學並不受到一般公認會計原則所限制，因此是一門活用的學科，不易掌握其中的重點，本書於是採有系統的方法加以介紹成本與管理會計學的每一章節，使讀者能夠融會貫通，並且瞭解此一門學問的精神所在。

本書以圖解且易懂的方法來解釋相關的內容，共有十五章，結合了成本與管理會計的基本觀念，分批、分步成本制度，聯產品、服務部門的成本分攤，在標準成本制度之下做差異分析，至最後管理當局所做的預算與定價策略及一些決策的分析都有詳加探討，每一章後面都有附相關的習題與解答，可以供練習，加深對課文的印象，相信讀完之後對您會有相當的助益。但在做題目之前要先將基本觀念釐清，對於千變萬化的題型才能夠迎刃而解、笑傲考場。

本書解說成本與管理會計學的精華所在，並且分析其中的微妙之處，充分展現此一學門的全貌，相信可以提供給讀者完整的概念。但唯恐疏誤難免，敬請各方賢達不吝指正。

馬嘉應 敬上

本書目錄

本書目錄

基本概念

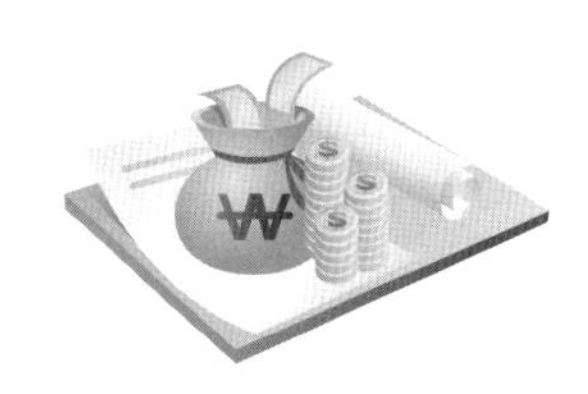

章節體系架構

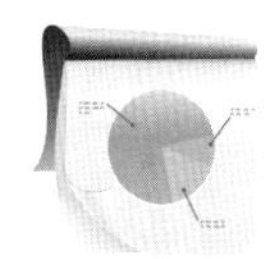

Unit 1-1 成本與管理會計基本介紹

一、成本與管理會計的意義

企業為了要達成其效益極大化而要付出的代價即是成本的概念，過去成本會計較著重於成本的計算，忽略管理當局決策所需的資訊。然而隨著全球經濟快速變遷與全球化經營之布局，現今成本會計不僅要精確地計算成本及制定具競爭力的價格，更要能夠使組織達到規劃與內部控制管理的目的，並兼顧企業內部與外部之會計資訊使用者，故成本會計結合財務會計與管理會計，形成一套完整的系統。

成本與管理會計有助於管理階層在企業的決策、規劃、控制、考核。所謂的規劃是指為達成組織目標估算所需資源的活動；控制是管理階層為了使採行的活動與組織目標一致所必須行使的手段；而考核是指管理階層在經規劃、控制之後所採行的活動，比較實際和預期的結果所做的評估；透過規劃、控制、考核以決定企業所要採行的決策為何，達到內部管理者的功效。另一方面，提供會計報告給不直接參與經營之企業外部者，如與企業有利害關係的投資人、債權人、稅務機關等相關人士，作為投資、理財及公共政策等決策之用，此為對外部使用者的功能所在。

二、財務會計、管理會計與成本會計之關係

財務會計的資訊使用者主要為外部人士，例如投資人、分析師、債權人、政府機關、供應商或顧客等。由於不同公司或不同期間的報表必須具有可比較性，所以在編製方面就有一致性原則的要求，而此原則即為「一般公認會計原則」。而資訊品質方面，財務會計是以企業整體為報導標的，並且多以歷史成本加以衡量，所以較具有客觀性，但相對就不夠攸關。雖然規定每年須最少編製一次財務報告，但在時效上仍無法提供及時的資訊。

成本會計的主要目的在協助管理階層做好規劃、控制及決策的工作，所以其資訊使用者主要為企業內部的管理階層。由於報導的個體並不侷限於企業整體，而是視決策的標的而定，有可能是某一地區、部門、產品，甚至是某一設備的汰舊與換新等。因此，隨著不同的目的，其編製原則可以依照公司之需求而定。而衡量的標準則不限於貨幣性單位或歷史成本為主，為了能及時掌握相關資訊，成本會計往往會以不特定的形式與內容來使資訊更有彈性，其中包含較為主觀的預測與分析，以符合未來導向的管理需求。

成本會計則介於財務會計與管理會計之間，它是管理會計的一部分，管理會計所做的決策必須以成本會計的資料為考量，例如成本的分攤、各活動間的成本差異、責任歸屬與定價策略等。成本會計的某些範疇亦為財務會計之一環，例如成本的記錄、存貨及銷貨成本的決定等。其實成本會計的工作即為成本的記錄、累積及其他量化資訊的衡量，然而卻依使用者的不同目的而分為財務會計與管理會計，所以成本會計的資訊使用者包括外部與內部人士，雖然內容以成本資料為主，但重心卻是產生與利用資料兩者並重。

財務會計與成本會計之比較

比較項目	財務會計	成本會計
1. 資訊使用者	外部人士	內部人士
2. 目的	資產評價與損益衡量	規劃、控制及決策
3. 報告編製	一般公認會計原則	依決策需求
4. 時效性	落後	及時
5. 資訊形式	完整的財務報表	財務或非財務性報告
6. 資訊品質	偏重可靠性，較為客觀	偏重攸關性，較為主觀
7. 資訊之報導標的	以企業整體為單位	以企業整體或某一內部部門、產品或設備為單位

財務會計、成本會計、管理會計之關聯

財務會計

成本會計

管理會計

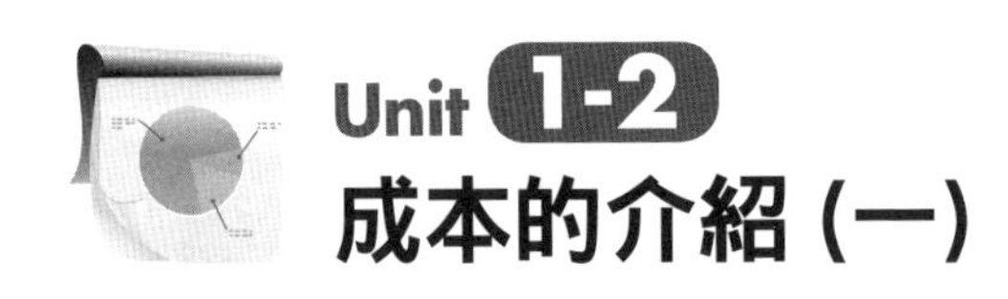

Unit 1-2 成本的介紹 (一)

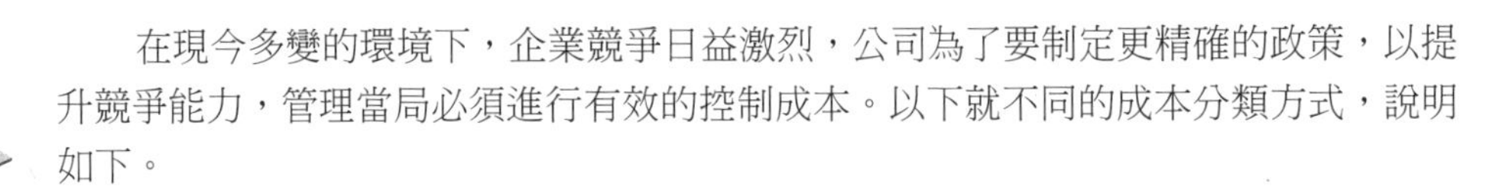

在現今多變的環境下，企業競爭日益激烈，公司為了要制定更精確的政策，以提升競爭能力，管理當局必須進行有效的控制成本。以下就不同的成本分類方式，說明如下。

一、製造與非製造成本

(一) 製造成本：在製造過程所發生的成本稱為製造成本，包含直接材料、直接人工和製造費用。直接材料為歸屬於某項製成品所發生之材料，即與產品製造相關、形成產品的本質且可直接歸屬至產品的成本。假設工廠欲製造生產桌子作為其產品，則在桌子的生產過程中，直接材料為木材；直接人工為與產品製造相關，用於生產某項產品所發生的人工成本，即可歸屬至成本標的所發生的人工成本。

在生產桌子過程中，工廠有組裝相關人員，這些人員必須發給他們薪資，生產工作人員薪資即為直接人工成本；在生產的過程中所發生的製造成本中不屬直接材料及直接人工所發生成本，皆屬製造費用（含間接材料、間接人工及其他製造費用）。桌子在生產過程中除了直接材料木材外，必須要有相關的釘子、接著劑來將彼此木料相黏接，這些包含於物料之中，較難歸屬於產品的部分材料成本如釘子及接著劑即為間接材料。間接人工與製造過程並無直接相關，但會發生之人工成本，如工廠的管理階層並不直接參與桌子的組裝與製造，因此，管理階層薪資視為間接人工；其他製造費用則為除製造費用內間接材料及人工外所發生其他製造費用如折舊、租金、保險等。

上述製造成本的部分，直接材料加直接人工可稱為主要成本；而直接人工加製造費用則為加工成本。

(二) 非製造成本：意指銷售、管理、財務等因應營運所發生的成本，其實就是管業費用，例如廣告費、銷售佣金及法律費用等。

二、產品與期間成本

(一) 產品成本：產品成本與期間成本最大差異在於是否可進行盤點而得之成本，凡是可盤成本為產品成本。在前段所述製造成本皆為產品成本，因為工廠所製產品在未售出之前為公司的產品存貨，這些存貨在年底可由倉管或會計師事務所查核人員進行盤點或抽盤；當存貨賣出時會轉入銷貨成本中，這時就屬於財務會計之範疇，可以考慮買賣雙方是屬起運點或目的地交貨，進而影響到收入認列時點。關於此部分，請參考財務會計收入認列之章節。

(二) 期間成本：在上段中提及所謂的不可盤成本為期間成本，當考量完製造成本為產品成本後，非製造成本則為期間成本，這方面的成本通常採分攤的方式，於銷貨期間進行費用攤銷。

成本分類

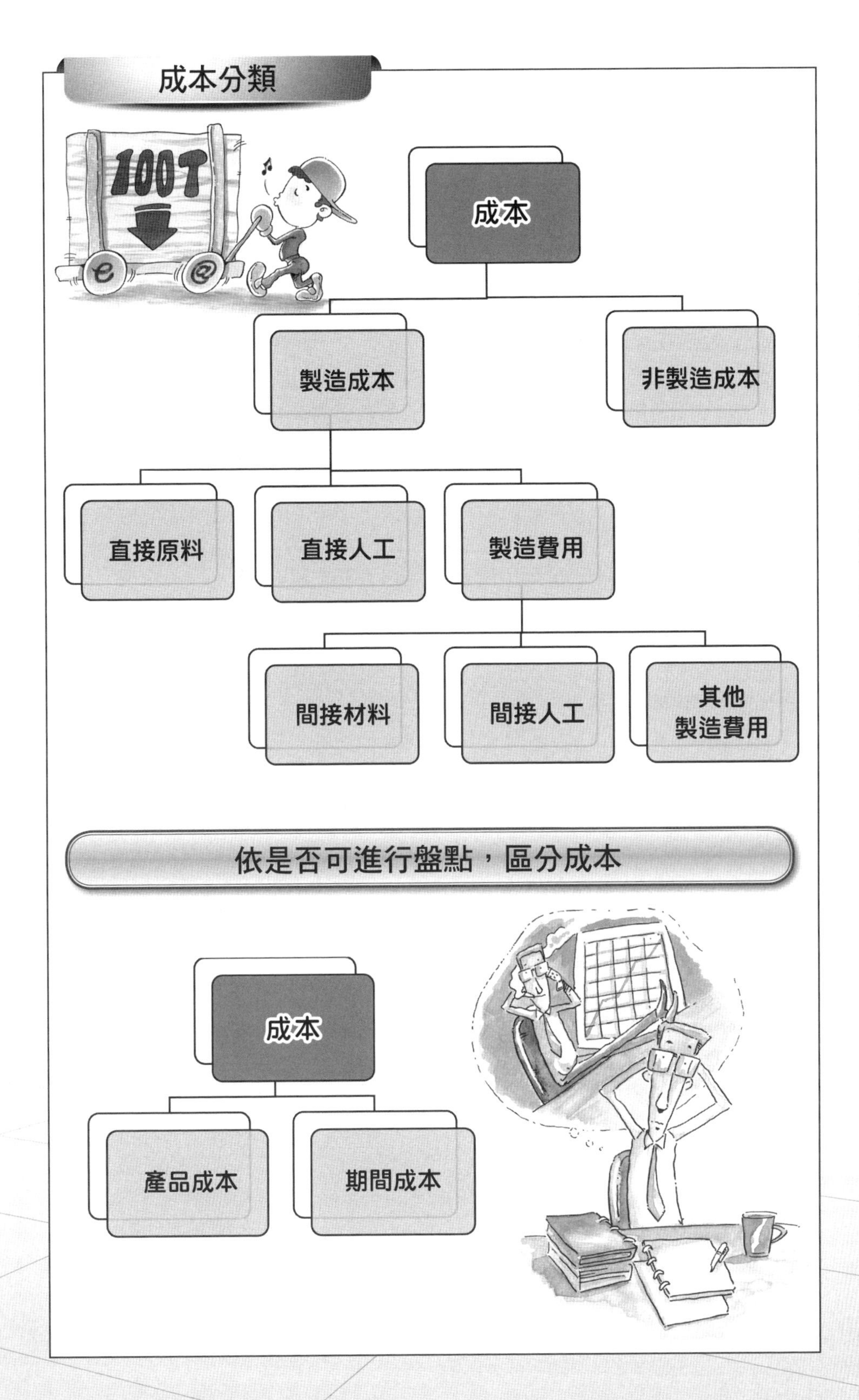
100T
成本
製造成本
非製造成本
直接原料
直接人工
製造費用
間接材料
間接人工
其他
製造費用
依是否可進行盤點，區分成本
成本
產品成本
期間成本

Unit 1-3 成本的介紹（二）

三、直接成本與間接成本

直接成本與間接成本的區分在於判斷是否可直接歸屬於成本標的。何謂歸屬於成本標的，即是將成本是否歸於某產品、地區或部門來判斷，而可直接歸屬於成本標的成本稱為直接成本。

以先前的製造成本與非製造成本來說明，製造與非製造成本共包含了直接材料、直接人工、製造費用（間接材料、間接人工及其他製造費用）以及營業費用（銷管費用等），直接材料、直接人工或營業費用如廣告費等可歸屬至特定地區（每一區皆不同），屬於直接成本；但今天廣告費若是全國性的而不會區分地區，這時就屬於間接成本。間接成本為不能直接歸屬於成本標的成本，必須要用合理且適當的分攤方式使成本分攤至各種產品中，如折舊和水電費等皆是，所以製造費用通常為間接成本，而非製造成本。營業費用則視情況而不同，可能是直接或間接成本。

四、生產與服務部門成本

製造部、裝配部等從事生產的部門所發生的成本皆屬生產部門成本。不直接從事生產的部門而提供服務至其他部門，使其他部門受益所發生的成本如驗收部門成本，則為服務部門成本。因為服務部門成本會使他部門受益，所以必須進行服務部門的成本分攤，將成本分攤至生產部門裡，藉此工廠才能精確算出產品真正的生產成本，進而精確計算出產品的售價（如採成本加乘法等）。關於服務部門成本分攤在第五章有詳盡的介紹。

五、固定、變動與半變動成本

若依成本習性來分類，可區分為固定、變動與半變動成本。固定成本為在攸關範圍內，不論作業量的增減，其總額永遠保持不變的成本，如租金費用。若是成本總額隨著作業量增減而變動的成本，則稱為變動成本，如直接材料、直接人工和間接製造費用。而半變動成本是同時具有固定和變動性質的成本，亦稱為混合成本，這類成本有些是為了營運須有最低的成本水準，此時為固定成本，超過此水準，成本會隨業務量的增加而呈現變動的情形。

在成本與管理會計的範疇裡區分固定與變動成本是非常重要的，因為在實務上常常會計算損益兩平點。另外，管理當局進行報表編製（如採全部成本法或變動成本法）過程裡，對於區分固定成本或是變動成本也是非常重要的一個環節。

六、其他類型的成本

與產品有關的其他類型成本，將在以下單元中，陸續介紹。

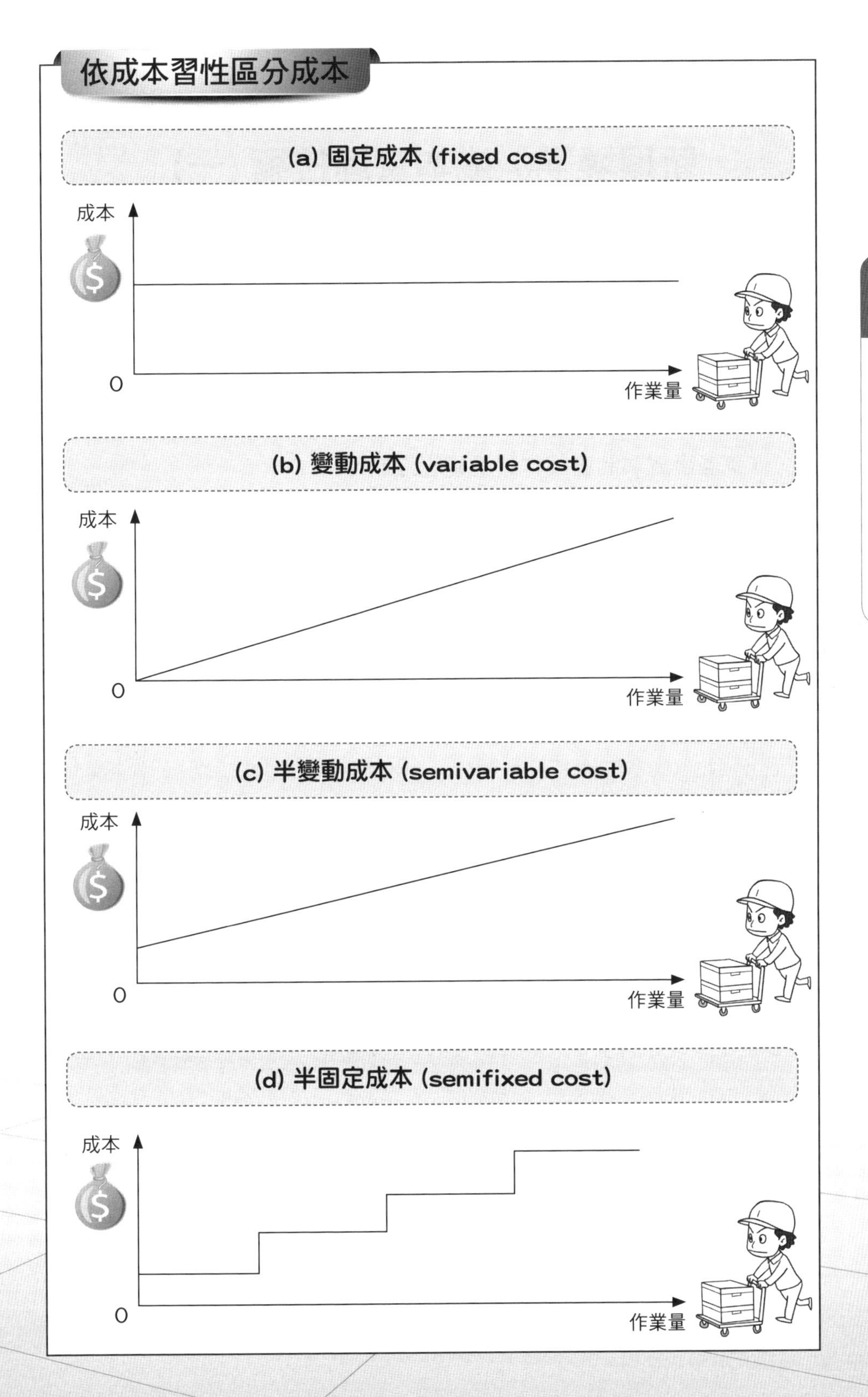

依成本習性區分成本
(a) 固定成本 (fixed cost)
成本
0
作業量
(b) 變動成本 (variable cost)
成本
0
作業量
(c) 半變動成本 (semivariable cost)
成本
0
作業量
(d) 半固定成本 (semifixed cost)
成本
0
作業量

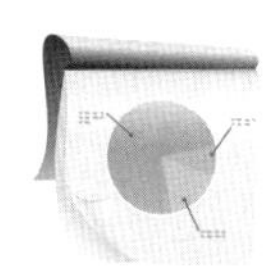

Unit 1-4 新環境下，成本管理技術(一)

隨著科技發展之日新月異，各科技間如何整合進而成為非常重要之課題。由於科技發展及整體環境競爭愈趨激烈，致使成本管理技術之創新及進步也非常快速，如何將成本管理之各技術加以整合，而不至於形成許多各自獨立的制度，更是刻不容緩。

近年來，新環境下成本管理技術發展如作業基礎成本制度、作業基礎管理制度、平衡計分卡、知識管理、企業資源規劃以及環境成本會計系統等，然而這些制度必須加以整合，才能使得公司效益能夠發揮。以下先就上述管理新技術加以介紹說明之。

一、作業基礎成本制度及作業基礎管理制度

美國於1988年發展及實施作業基礎成本制度（Activity-Based Costing, ABC）以來，陸續產生相關管理制度，諸如作業基礎管理制度（Activity-Based Management, ABM）及作業基礎預算制度（Activity-Based Budgeting, ABB）之發展，這些制度之發展可以說已達到成熟階段。臺灣企業界對ABC及ABM制度早已行之有年。

作業基礎成本制度自1980年代開始發展至今，已有二十多年的時間，由於它以作業別作為分攤成本的基礎，在企業管理上可運用在許多決策上，如定價決策、生產及產能決策、產品成本管理決策等等，同時又由於它能提供決策者即時且有效、精確的資訊，因此，對企業在創造競爭優勢上，可說是具有相當大的功能，而各企業也紛紛投入落實ABC及ABM的工作中。

二、平衡計分卡

資訊時代的公司因投資和管理智慧資產而獲致成功，它們必須把功能專業化整合成為以顧客為導向的企業流程，把經營方式從大量生產、大量提供標準化的產品與服務，改成以彈性大、反應快、品質高的方式，提供創新並為目標顧客提供客製化的產品與服務。員工的技術再造、傑出的資訊科技，以及方向一致的組織程序，將會帶來產品、服務、流程的創新和進步。

在企業投資建立這些新能力之際，傳統的財務會計模式既不能發揮激勵的作用，亦無法在短期內衡量組織的成敗。傳統的財務模式是為貿易公司和工業時代的大公司而設計的，它只能衡量過去發生的事情，不能評估企業前瞻性的投資。

平衡計分卡是一個整合策略衍生出來的量度新架構，它保留衡量過去績效的財務量度，但引進驅動未來財務績效的驅動因素。這些圍繞著顧客、企業內部流程、學習與成長構面的績效驅動因素，以明確和嚴謹的手法詮釋組織策略，而形成特定的目標和量度。

作業基礎成本制度及作業基礎管理制度

制度 / 比較項目	作業基礎成本制（Activity-Based Costing, ABC）	作業基礎管理制（Activity-Based Management, ABM）
1.資訊角度	資訊的產出	資訊的運用
2.成本角度	成本分配	成本流程

平衡計分卡的四大構面

1.學習與成長

要求員工持續學習與成長。

2.內部營運程序

促使企業以有效率的方式進行營運。

3.客戶

企業營運應滿足顧客的需求。

4.財務

企業營運應滿足股東的需求。

平衡計分卡所平衡之項目

1.短期目標
2.內部績效
3.財務指標

1.長期目標
2.外部績效
3.非財務指標

Unit 1-5 新環境下，成本管理技術(二)

三、知識管理

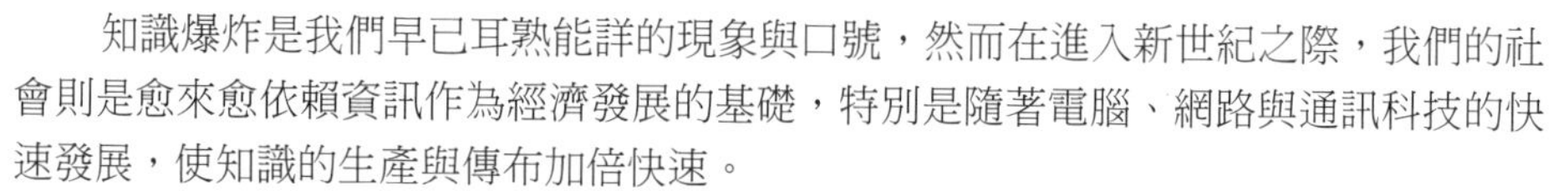

知識爆炸是我們早已耳熟能詳的現象與口號，然而在進入新世紀之際，我們的社會則是愈來愈依賴資訊作為經濟發展的基礎，特別是隨著電腦、網路與通訊科技的快速發展，使知識的生產與傳布加倍快速。

如果我們只炫惑於知識爆炸的衝擊，而不能善用科技去積極建立「知識型經濟」（Knowledge Economy）的話，不論是個人、組織或整體社會，都會造成競爭的退步，進而在國內或國際上，喪失市場的優勢。由於會計專業人員所從事的工作，也是知識產業的一部分，我們也不能不深思「知識型經濟」的涵義及影響，更須加強規劃因應之道。

知識管理（Knowledge Management, KM）是21世紀企業競爭力的利基，同時它也成為企業價值所在。此外，也有人說知識是繼勞力、資本之後，第三波企業主流；也就是說，知識管理是企業永續經營不可忽略的管理模式，企業透過規劃、建置知識管理系統以及相應的變革及創新等配套措施，藉由正確、即時且具攸關性的知識資訊，使員工精確迅速的解決問題、服務客戶，提升整體經營績效，達成企業策略目標，並能在活用知識的組織中，活化既有知識加以創新改進，持續取得企業競爭優勢。

四、企業資源規劃

企業經營隨著時代的脈動，在不同階段會面臨不同的挑戰與創新，1970年代為成本降低年代，1980年代為品質年代，而在講求服務的1990年代，在目前的環境下，企業想要掌握致勝的關鍵，除了應該瞭解並滿足顧客多變的口味外，更必須具備整合及創新的能力，以適應目前這個多元化競爭的經營環境。

強調整合各作業流程資源，提供企業快速存取方式的企業資源規劃（Enterprise Resource Planning, ERP）系統，就是一個能協助企業整合資源、創新流程的管理工具。ERP系統強調透過資源整合及規劃，企業不但可以達到縮短時程、降低成本、增加產出品質的目的，更可藉由流程的再造，因應現今資訊科技的快速發展，以掌握經營管理的競爭優勢。

另外，資訊與流程在企業內部構成一個循環，較佳的資訊牽引出較佳的流程，較佳的流程又產生有用的資訊，因此唯有兩者間良性的互動，方能促使企業持續不斷地進步。

企業也必須解決速度上、成本上、品質上的問題，最必要的工作就是做好企業資源的規劃，也就是導入ERP系統。但是，此系統導入是一項耗時費資的工程，所牽涉的作業更是龐雜，故企業必須先做好準備工作，包括目標的訂定、軟體及諮詢顧問的選擇，以及最重要的觀念的宣導與教育，並且做好事前升級支援的計畫，如此方能使ERP系統確實發揮效用，以收事半功倍之效。

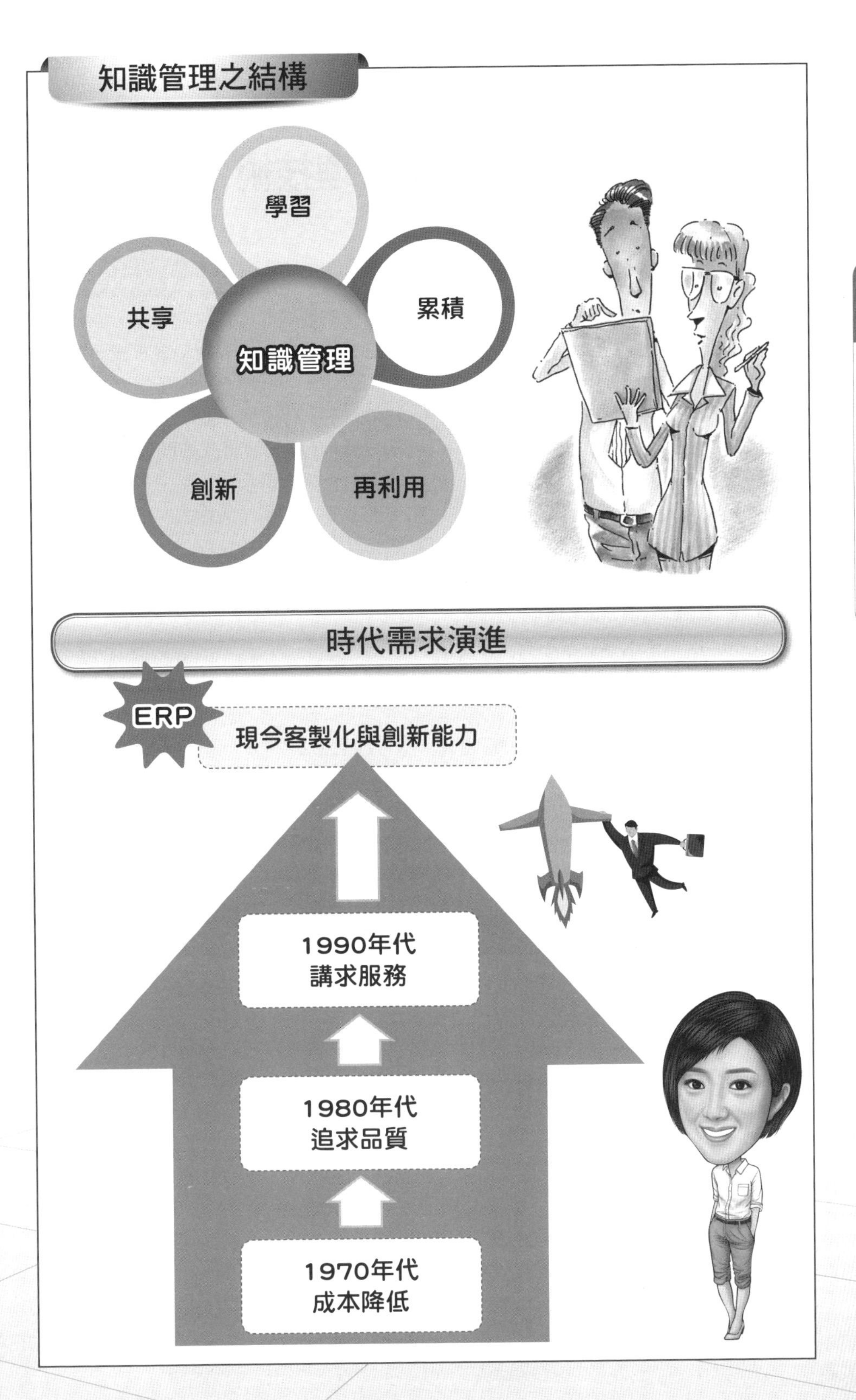
知識管理之結構
學習
共享
累積
知識管理
創新
再利用
時代需求演進
ERP
現今客製化與創新能力
1990年代
講求服務
1980年代
追求品質
1970年代
成本降低

Unit 1-6 新環境下，成本管理技術(三)

五、環境成本會計系統

國際環境管理標準ISO14000在1996年發布，強調企業必須透過產品生命週期的評估及環保規章的限制，將以往外部化由社會負擔的環境成本轉為內部化，自此，環境成本會計系統也應運而生。也就是說，為了達成生態效益，邁向企業永續發展，企業必須從產品設計、原料選定、製程改善、污染防治、售後服務、至廢棄物回收處理等整個生命週期，積極進行改善。企業永續發展的目的在於，確保組織於營利的同時，考量社會與環境的成本。換言之，其核心精神在於如何將改進社會和環境的力量，轉化為業績的提升。為達此目的，發展健全的企業整體策略為第一要務。管理階層人員和專業人士（例如：會計師）可以顯著地改變組織運作的方式，但是革新性策略的推行成功與否，治理階層的遠見和領導能力為最重要的催化劑。治理階層之責任在於建立和設定組織目標。治理階層應藉由：

1.顯現出對永續發展的承諾。

2.幫助以確保永續發展是嵌入在一個組織活動內。

3.示範一個組織如何執行；展現組織的承諾，並發展量化與具時限的永續發展目標。

永續發展策略於執行時所遭遇之機會與風險（包括環境、社會和經濟問題），為策略制訂、執行與考核過程中必須考量的部分。治理階層應整合永續發展所產生之機會與風險於現有之風險管理框架，並督促管理階層積極的管理風險，以適應社會和環境的變遷；激勵全體員工探索並掌握任何可改善財務與永續發展兩者績效的機會。

簡言之，企業必須協同股東、員工與供應商從產品設計、原料選定、製程改善、污染防治、售後服務至廢棄物回收處理等整個生命週期，進行積極的改善。在過程中除了社會與環境因素，財務因素亦十分重要。三者涉及產品或服務在其整個生命週期的成本、考慮營運成本和處理成本，以及收購成本。因此，環境成本會計被定位為促進企業永續價值達成的重要技術。

環境成本的範圍相當廣泛，包括可辨識的財力成本及不可辨識的意外、形象與關係成本，以及由社會所承擔之社會成本等。而所謂的環境成本會計系統係尋找、辨認及量化企業經營中，與環境相關的直接或間接成本，為評估產品及設備、減少產品或製程對環境的影響，改善環境績效等重要資訊之工具，以提供有關產品結構、產品維持（retention）和產品定價策略等相關資訊給決策者參考，甚至更進一步應用於成本分攤、投資分析（財務評估）、製程設計等更具潛力的應用上。

故環境成本會計系統除了涵蓋原有之財務會計的功能之外，也包括成本與管理會計的範疇， 目前國際上將其視為必要的管理工具之一。環境成本會計提供資訊協助廠商改善其環境績效、控制成本、評估清潔生產或污染防治設備或技術的投資，發展改善出更符合環保及清潔生產理念的製程和產品。

企業內各部門與其成本之關係

部門別	成本別
財會部門	產品的原料成本
企劃部門	非產品的原料成本
生產部門	排放管制成本 廢棄物和污染
環境管理部	其他環境管理成本
研發部門	研發成本
法務部門	無形成本
行銷部門	
管理部門	

部門別 ↔ 成本別

環境成本會計系統的功能

環境成本會計系統的功能

藉由辨別隱藏或其他的內部和外在的環境成本，更確實地反映產品或製程的成本，提供企業管理者獲得最佳的預測資訊，做出最好的決策。

提供相關資訊以瞭解並改進製程對環境所造成的影響，並設計出最能符合成本效益且以環境保護為優先的產品及製程。

提供企業就符合環境保護標準所從事的各項活動的相關證據。

增加管理者對環境成本的認知及外界環境的責任。

第1章習題

一、選擇題

( ) 1. 以下有關成本會計的敘述，何者正確？
(A) 只適用在製造業，服務業則不須用到成本會計的技術
(B) 不須參照一般公認會計原則來計算成本
(C) 只能衡量公司整體的經營績效
(D) 成本會計只適用在計算產品或服務的成本而已。

( ) 2. 以下有關管理會計與財務會計的差異，何者有誤？
(A) 管理會計的目的在協助管理當局作決策，財務會計的目的在協助外部使用者作決策
(B) 管理會計注重時效性及攸關性，財務會計注重可靠性
(C) 管理會計的資訊較為主觀，財務會計則較具有客觀性
(D) 管理會計由於使用者尚包括公司外部人士，所以仍必須遵守一般公認會計原則。

( ) 3. 葡萄酒製造商購買葡萄的成本為：
(A) 期間成本
(B) 製造費用
(C) 固定成本
(D) 變動成本。

( ) 4. 不能直接歸屬於成本標的成本，必須要用合理且適當的分攤方式使成本分攤至各種產品中，稱為：
(A) 間接成本
(B) 期間成本
(C) 製造成本
(D) 變動成本。

( ) 5. 下列何者非為變動成本的特性？
(A) 成本總額會隨著作業量增減而變動的成本
(B) 每單位變動成本是固定的
(C) 主要成本為變動成本
(D) 成本與數量間無因果關係存在。

( ) 6. 下列有關固定成本的敘述，何者有誤？

(A) 每單位成本會隨著數量增加而減少
(B) 在攸關範圍內，其成本總額永遠保持不變
(C) 又稱間接成本
(D) 又分為既定性固定成本及任意性固定成本。

( ) 7. 下列何種成本資訊於會計紀錄中，並未加以報導？
(A) 沉沒成本
(B) 期間成本
(C) 材料成本
(D) 機會成本。

( ) 8. 下列哪一種成本同時屬於產品的加工成本及主要成本？
(A) 直接人工
(B) 直接材料
(C) 製造費用
(D) 以上皆非。

( ) 9. 振奮公司欲採用新的績效評估工具來幫助策略的進行，此績效評估由以往傳統的財務績效延伸到評估顧客面、企業內部流程面及員工的學習與成長面等四個構面。試問振奮公司所採用的績效評估工具為何？
(A) 企業資源規劃
(B) 平衡計分卡
(C) 6 個Sigma
(D) 目標成本制度。

( ) 10. 下列何者非為新環境的成本管理技術？
(A) 平衡計分卡
(B) 企業資源規劃
(C) 成本加成訂價策略
(D) 知識管理。

( ) 11. 下列何項是變動成本的最好例子？
(A) 折舊費用
(B) 利息支出
(C) 每單位材料成本
(D) 工廠監工的薪資。

( ) 12. 下列何者不屬於加工成本？
(A) 工廠經理的年終獎金
(B) 製衣機器的折舊費用

(C) 購置材料的成本
(D) 按件計酬作業員的薪資。

( ) 13. 下列何項為製造費用？
(A) 廠房機器折舊費用
(B) 工廠人員加班費
(C) 間接材料成本
(D) 以上皆是。

( ) 14. 工廠機器所使用的潤滑油為何種成本？
(A) 直接材料
(B) 間接材料
(C) 加工成本
(D) 主要成本。

( ) 15. 下列何者為關於變動成本的最佳敘述？
(A) 一定是直接成本
(B) 一定是固定成本
(C) 成本總額會隨著作業水準之增加而增加
(D) 包括設備的折舊。

二、計算題

1. 東港公司生產黑鮪魚罐頭，其中購買新鮮黑鮪魚的成本為$80,000，罐頭成本為$20,000，製作過程中會添加少許的調味料，其成本為$2,000，處理魚肉的工廠人員薪資$25,000，銷售人員薪資$30,000，廠長薪資$15,000，廠房租金$40,000，工廠水電費$5,000，辦公大樓水電費$2,000。試計算直接材料、直接人工、製造費用及製造成本各為何？
承上題，主要成本及加工成本為何？
2. 佳能公司每單位的製造成本為$40,000，其中主要成本占70%，加工成本占50%。試計算直接材料、直接人工及製造費用各為何？
3. 震旦公司的成本資料中，直接人工與製造費用之比為2：3，間接人工$6,000為直接人工成本的6%，又加工成本為主要成本的50%。試計算直接材料、直接人工及製造費用各為何？

第1章解答

一、選擇題

1.(B) 2.(D) 3.(D) 4.(A) 5.(D) 6.(C) 7.(D) 8.(A) 9.(B) 10.(C)
11.(C) 12. (C) 13.(D) 14.(B) 15.(C)

二、計算題

1. 首先一一分析各項成本的性質，再將其分類計算。

黑鮪魚的成本$80,000為直接材料。

罐頭成本$20,000為直接材料。

製作過程中所添加的少許調味料，由於占整個產品的比重不大，所以其$2,000成本為間接材料。

處理魚肉的工廠人員薪資$25,000為直接人工。

由於銷售與生產活動無關，所以銷售人員薪資$30,000為銷售費用。

由於廠長的工作是管理工廠的生產作業及人員，並不是在生產線上，所以薪資$15,000為間接人工。

廠房租金$40,000為其他製造費用。

工廠水電費$5,000為其他製造費用。

辦公大樓水電費$2,000為營業費用。

所以直接材料＝$80,000＋$20,000＝$100,000

直接人工＝$25,000

製造費用＝間接材料＋間接人工＋其他製造費用
＝$2,000＋$15,000＋$40,000＋$5,000
＝$62,000

製造成本＝直接材料＋直接人工＋製造費用
＝$100,000＋$25,000＋$62,000
＝$187,000

主要成本＝直接材料＋直接人工
＝$100,000＋$25,000
＝$125,000

加工成本＝直接人工＋製造費用
＝$25,000＋$62,000
＝$87,000

2. 主要成本＝$40,000×70%＝$28,000
   加工成本＝$40,000×50%＝$20,000
   假設直接材料＝x，直接人工＝y，製造費用＝z
   則製造成本＝ x＋y＋z＝$40,000
   主要成本＝x＋y＝$28,000
   加工成本＝y＋z＝$20,000
   從以上三式得出，
   直接材料＝x＝$20,000
   直接人工＝y＝$8,000
   製造費用＝z＝$12,000

3. 首先，假設直接材料＝x，直接人工＝y，製造費用＝z
   y＋z＝(x＋y)×50%
   3y＝2z
   6,000＝y×6%
   從以上三式得出，
   直接材料＝x＝$400,000
   直接人工＝y＝$100,000
   製造費用＝z＝$150,000

第2章

分批成本制度

章節體系架構 

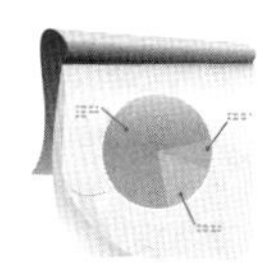

Unit 2-1 分批成本制度之意義及相關的單據及流程

開始進入此章節前，我們必須先瞭解何謂分批？假設今天您擁有一間工廠，工廠中所生產的產品彼此之間相似性不高，那我們就會將這些彼此不相似產品所成的集合稱為批次，所以分批成本制即是按產品批次累積成本，分別計算產品成本的一種會計制度。

一、實務上使用分批本制度的情況

通常在實務上適合使用分批成本制度的情況可分為以下幾種：1.產品服務種類繁多，差異性極大，如裝配式的行業。2.產品服務或種類特殊，依客戶個別需求而各批生產相異，如建築、印刷、家具業。3.受到顧客特別委託的行業，如加工業和修理業。4.專業性的行業，如會計和法律等。

二、分批成本制度的優缺點

採用分批成本制度的公司，在產品完工時即可取得成本相關資料，這對於價格訂定和成本計算及進行成本控制上皆能產生效益。然而分批成本制度按批計算成本的方式，每一批次都要設成本單，造成繁雜的現象，需要人工去記入各批次的成本單，會加重其處理成本；同時分批成本制度偏向製造費用的控制，對於料、工的控制往往較於缺乏，是其缺失之處。

三、單據和流程是分批制度的精神所在

在分批成本制度中，主要是以成本單來計算其成本，在計算成本的同時，要先取得領料單、計工單，才能記錄在成本單裡。因此在分批成本制度裡，領料單、計工單和成本單為主要的表單。如右圖所示，在此制度下，當收到顧客銷貨訂單時，企業會先決定依此批次所需生產之產品，生產前要簽發製造通知單通知生產，在產品生產的開始（即自領料開始）時，於領料單中，我們可以瞭解到直接材料在工廠中的使用情形。通常在此憑證中會載明直接材料的單價和數量，而計工單則為直接人工所耗費的工作時間與其工資率相乘後的結果，領料單和計工單兩者所顯示即為直接成本（直接材料加直接人工）。

在本書第一章中有介紹所謂的產品成本是直接成本與間接成本合計數。既然成本單中已包含直接成本的部分，那麼剩下部分的間接成本（注意在此為預計製造費用已分攤部分，不含實際間接材料、實際間接人工及實際製造費用等發生，會計入製造費用統制帳的部分）也會在成本單中顯現出來。間接成本採分攤方式部分要先決定分攤基礎，再以分攤基礎乘上所使用量求得其間接部分成本。直接與間接成本相加後即可求得生產此項產品成本，至此成本單中已顯示出產品完工時成本，分批成本制度計算產品成本流程就結束了。分批成本制度的單據和流程是此制度的精神所在。

分批成本制度流程

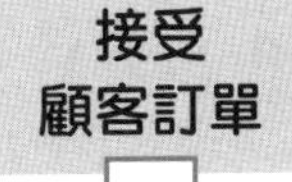

接受
顧客訂單

製造通知單

經廠長核簽
通知生產

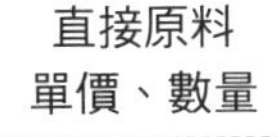

領料單

直接原料
單價、數量

計工單

直接人工
工作時間、工資率

進行成本計算

成本單

製造通知單格式

<table>
<tr><td colspan="6">製造通知單
年　　月　　日　　　　　　編號</td></tr>
<tr><td>客戶名稱</td><td></td><td>客戶地址</td><td colspan="3"></td></tr>
<tr><td>產品名稱</td><td></td><td>產品規格</td><td></td><td>產品數量</td><td></td></tr>
<tr><td colspan="6">工作指示：用料
派工
製造方法</td></tr>
<tr><td>預計開工日期</td><td colspan="2"></td><td>預計完工日期</td><td colspan="2"></td></tr>
<tr><td>備註</td><td colspan="5"></td></tr>
</table>

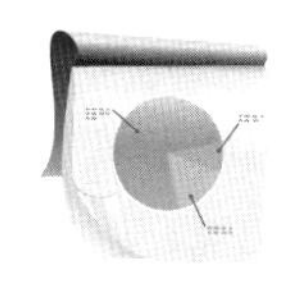

Unit 2-2 分批成本制度的會計處理 (一)

分批成本制度的基本流程在本章第一單元中已說明，接下來要將流程中的料工費加以詳細說明。

一、材料的會計處理

假設我們現在已收到客戶訂單且經廠長核簽製造通知單開始要進行產品生產（直接進入前頁右上圖分批成本制度流程圖後半段），於是產品生產要先有材料，前述單元中所說的領料單為此階段重要角色。要領料前要先有材料，於是先進行材料的購買。購買材料先作分錄：

材料	×××	
應付帳款		×××

工廠中現在已經有了材料（包含直接和間接材料），接下來要進行領料動作。領用材料所作分錄，又分倉庫領料（直接材料領料部分）和工廠領料（間接材料領料部分）。

倉庫領料（直接材料領料）會借記在製品，原因在於直接材料如同第一章所提，可直接歸屬於成本（流程）標的，視為製程的一部分，這些直接材料領料成本會在領料單中記錄，於是所作分錄為：

在製品	×××	
材料		×××

上述若發生退回倉庫的料品，則應借記「材料」，貸記「在製品」，記入成本單而非在領料單上作記錄。

工廠領料（間接材料領料）會借記製造費用統制帳，會借記製造費用是因製造費用（間接材料含於其中）不能直接歸屬成本（流程）標的中，當然此部分要如第一章所提間接材料在記錄到製造費用中後，採分攤方式到不同批次。間接材料領料分錄如下：

製造費用統制帳	×××	
材料		×××

二、人工的會計處理

與人工有關的會計記錄包含了人工成本的發生及人工成本的分配。人工成本的發生，主要是記錄薪資的發放，發生時如同財務會計所作分錄：

薪工	×××	
應付薪工（或現金）		×××

領料單及退料單格式

領　料　單								
日期								
領用部門＿＿＿					領料人員＿＿＿			
成本單編號＿＿＿					領料單編號＿＿＿			
製令編號	原料編號	原料名稱	單位	請領數量	實領數量	單價	金額	備註
若為間接原料，請註明「Ｉ」								
核准＿＿＿		發料＿＿＿		領料核准＿＿＿			領料＿＿＿	

退　料　單								
日期								
領用部門＿＿＿					領料人員＿＿＿			
成本單編號＿＿＿					領料單編號＿＿＿			
原料編號	原料名稱	單位	編號原製令	退料數量	實領數量	單價	金額	備註
若為間接原料，請註明「Ｉ」								
核准＿＿＿		發料＿＿＿		領料核准＿＿＿			領料＿＿＿	

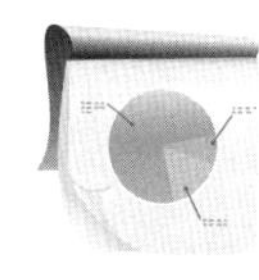

Unit 2-3 分批成本制度的會計處理（二）

二、人工的會計處理（續）

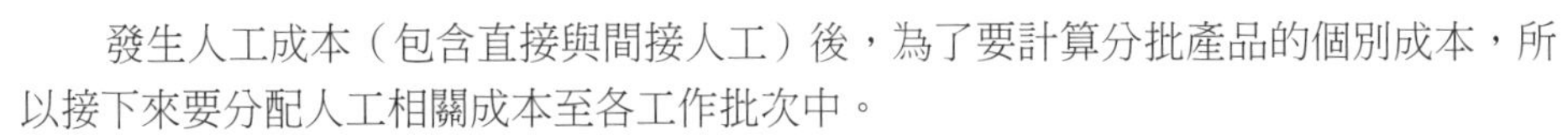

發生人工成本（包含直接與間接人工）後，為了要計算分批產品的個別成本，所以接下來要分配人工相關成本至各工作批次中。

若分配直接人工成本，必須要借記在製品，借記在製品科目原因就如同直接材料領料一樣，可直接歸屬於成本（流程）標的且視為製程的一部分。記錄實際發生直接人工成本至計工單中，分錄如下：

在製品	×××	
薪工		×××

分配間接人工成本借記製造費用統制帳，因為間接人工不能直接歸屬於成本（流程）標的為製造費用一部分，如同間接材料在記錄到製造費用中後，採分攤方式到不同批次，所作分錄為：

製造費用統制帳	×××	
薪工		×××

進行到此， 領料單和計工單已完成，進入到成本單中。工廠產品的成本中，材料及人工的會計處理也告一段落，製造成本（包含材料、人工及製造費用）只剩製造費用會計處理。（注意：間接材料和間接人工等實際發生成本已處理進入製造費用統制帳，但不能進入成本單中，成本單製造費用部分為已分配製造費用！）接下來要進行前，先請讀者看以下的流程圖：

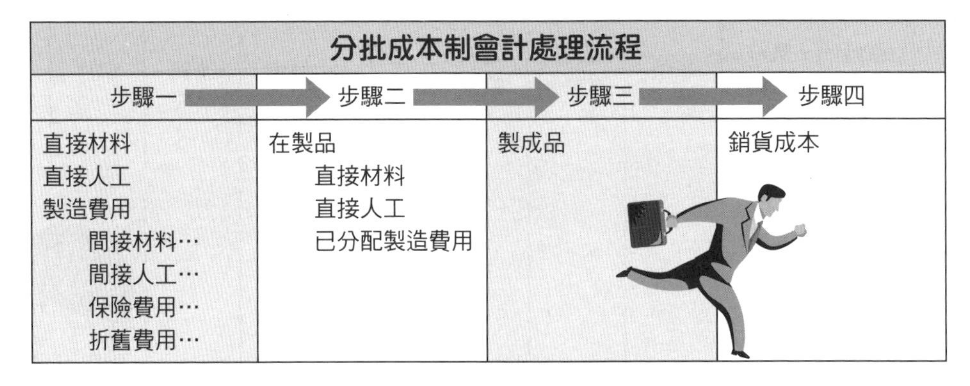

分批成本制會計處理流程

步驟一	步驟二	步驟三	步驟四
直接材料 直接人工 製造費用 　間接材料… 　間接人工… 　保險費用… 　折舊費用…	在製品 　直接材料 　直接人工 　已分配製造費用	製成品	銷貨成本

當完成製造費用會計處理（已分配製造費用）連同直接材料及直接人工歸屬至產品批次（在製品）後（在此之前為分批成本制度流程圖前段），成本單完成批次工作進入分批成本制度流程圖後段轉入製成品，若產品未賣視為存貨，流程圖中產品即將賣出進行交易則轉入銷貨成本中（在此先不論實際與預計製造費用差異所產生多或少分攤製造費用的會計處理）。分批成本制度會計處理流程也就完畢了！

計工單及人工成本分配彙總表格式

計　工　單							
						日期	
編　號							
姓　名							
批號	開始時間	結束時間	工作時間(小時)	部門	核准簽章	工資率(每小時)	金額
XXX	XX:XX	XX:XX	X	生產X		$XXX	$XXX
附　註							

人工成本分配彙總表 XXXX年XX月					
日期	計工單編號	X1部門		X2部門	
		直接人工	間接人工	直接人工	間接人工
合　計		$XXX	$XXX	$XXX	$XXX

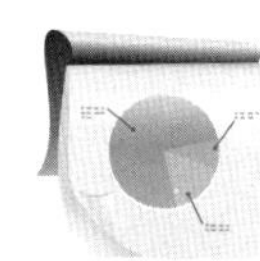

Unit 2-4 分批成本制度的會計處理(三)

三、製造費用的會計處理

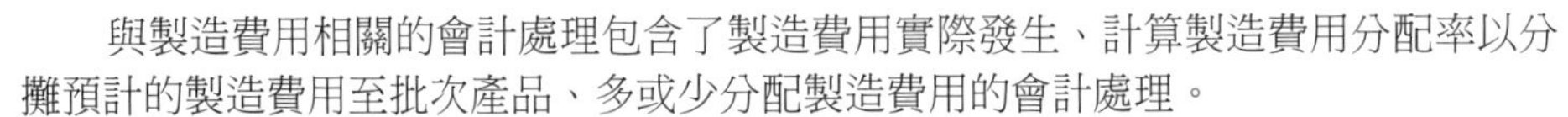

與製造費用相關的會計處理包含了製造費用實際發生、計算製造費用分配率以分攤預計的製造費用至批次產品、多或少分配製造費用的會計處理。

(一)實際發生時：製造費用實際發生時就要立刻加以記錄，其他例如保險費、折舊費用則在期間終了調整入帳。假設發生保險及折舊相關交易事項，所作分錄如下：

製造費用統制帳	×××	
預付保險費		×××
累積折舊		×××

在此我們會彙計製造費用統制帳總金額，不要忘了間接材料與間接人工也是借記製造費用統制帳，要一併計入，但不計入成本單，因為這些金額都是實際發生！

(二)分攤時：分攤預計製造費用至批次產品是分批成本制度很重要的一個環節，為了方便能夠計算出所分攤的預計製造費用，必須要先決定預定的製造費用分配率。要注意的是預定製造費用分配率通常在期初已知，在分配率決定之後再乘上歸屬於該批次的實際作業量，就可以求出該批預計製造費用的金額。這些製造費用並沒有實際發生（借：製造費用統制帳），而是採用分攤方式（貸：已分配製造費用）轉入該批次，年底時會和實際發生的製造費用作比較（借貸相抵進行多或少分配的會計處裡），所以所作的分錄如下：

在製品	×××	
已分配製造費用		×××

(三)多或少分配製造費用的會計處理：在期末時，實際發生的製造費用（製造費用統制帳）和已分配製造費用不相等時，會產生多或少分配製造費用。多分配即是已分配製造費用數多於實際發生數，而少分配則是相反的情況。期末的會計處理有兩種方式：一種是將餘額結入銷貨成本；另一種則按在製品、製成品及銷貨成本餘額的比例來進行分攤。

已分配製造費用	×××	
銷貨成本（即少分配製造費用）	×××	
製造費用統制帳		×××

1.使用調整銷貨成本方式，假設發生多分配的情形，即已分配製造費用（貸餘）金額大於製造費用統制帳（借餘），將借餘與貸餘相抵後沖轉銷貨成本，會計分錄為：

已分配製造費用	×××	
銷貨成本（即多分配製造費用）	×××	
製造費用統制帳		×××

在這種情形下，將會調整期末銷貨成本，則實際銷貨成本為下列所示：

銷貨成本××× －多分配製造費用×××＝銷貨成本（實際）×××

由上述情形可知多分配製造費用對淨利有利（在貸方）！

製造費用會計處理流程

步驟一

各項實際發生製造費用
EX：保險費用、
折舊費用等等

製造費用統制帳
(實際數)

步驟二

已分配製造費用
(預計數)

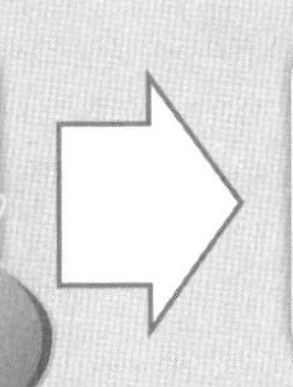

在製品

步驟三

已分配製造費用
(預計數)

vs.

製造費用統制帳
(實際數)

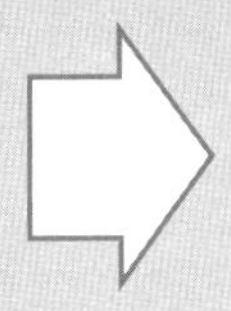

多(少)分配製造費用：
1. 入銷貨成本
2. 按在製品、製成品
及銷貨成本餘額的
比例來進行分攤

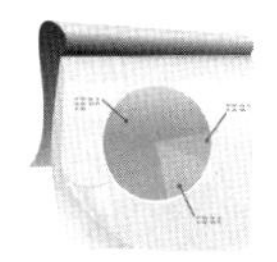

Unit 2-5 分批成本制度的會計處理（四）

三、製造費用的會計處理（續）

(三)多或少分配製造費用的會計處理（續）：

2.比例分攤法通常是依在製品、製成品及銷貨成本餘額占總成本比例來進行分配。假設發生多分配製造費用（預計$140,000較實際$120,000為多）$20,000，期末在製品、製成品及銷貨成本餘額假如占總成本比例為20%、30%及50%，則會計分錄如下：

科目	借	貸
已分配製造費用	140,000	
在製品（$20,000×20%）		4,000
製成品（$20,000×30%）		6,000
銷貨成本（$20,000×50%）		10,000
製造費用統制帳		120,000

四、產品完工及銷售的會計處理

在分批成本制度之下，產品完工及銷售有兩種情形，一種是產品完工後直接售出，另一種則是為了補充庫存，之後再予以出售。

(一)產品完工直接出售情形：所作分錄同財務會計，作法如下：

科目	借	貸
應收帳款	×××	
銷貨		×××
銷貨成本	×××	
製成品		×××

(二)為了補充庫存，之後再予以出售：

1.當工作批次係為了補充庫存，則先將在製品轉至製成品：

科目	借	貸
製成品	×××	
在製品		×××

2.之後再進行將庫存商品出售給顧客，所作分錄同上：

科目	借	貸
應收帳款	×××	
銷貨		×××
銷貨成本	×××	
製成品		×××

分批成本制度由產品的製造到銷售的會計處理可與第一章之「成本的介紹」相互對應。

分批成本制度與分步成本制度通常為企業所採行的兩種制度，有關分步成本制度在第三章提及，採用分批或分步成本制度取決於工廠（或企業）所提供產品的相似程度。

製成品報告單及製成品彙總表格式

製成品報告單							
完工部門＿＿＿＿				報告單編號＿＿＿＿			
完工日期＿＿＿＿				分批成本單編號＿＿＿＿			
品名	規格	數量	直接原料	直接人工	製造費用	合計數	檢驗成果
檢驗＿＿＿＿				明細分類帳＿＿＿＿			
倉管＿＿＿＿				總分類帳＿＿＿＿			

製成品彙總表 XX年XX月				
成本單編號	直接原料(DM)	直接人工(DL)	製造費用(FOH)	合計數
合計數				

第2章習題

一、選擇題

( ) 1.下列哪些行業較不適合採用分批成本制度？
(A) 印刷廠
(B) 會計師事務所
(C) 顧問公司
(D) 煉油廠。

( ) 2. 若工廠所製產品種類繁多，性質複雜，規格不一，而製造方法也不一致，以配合客戶特定形式的訂單，則較適合採用何種會計制度？
(A) 分步成本制
(B) 分批成本制
(C) 估計成本制
(D) 混合成本制。

( ) 3. 若實際製造費用為$37,000，已分配製造費用為$40,000，則會有：
(A) 少分配製造費用$3,000
(B) 多分配製造費用$37,000
(C) 少分配製造費用$40,000
(D) 多分配製造費用$3,000。

( ) 4. 若少分配製造費用$8,000，實際製造費用為$37,000，則已分配製造費用為：
(A) $37,000
(B) $45,000
(C) $29,000
(D) $40,000。

( ) 5. 當一家公司採用分批成本制度，其投入直接原料時應借記：
(A) 原料
(B) 在製品
(C) 製成品
(D) 銷貨成本。

( ) 6. 成本單之性質屬於：
(A) 材料明細分類帳
(B) 在製品明細分類帳

(C) 製成品明細分類帳
(D) 銷貨成本明細分類帳。

( ) 7.分批成本單上的製造費用是：
(A) 預計數字
(B) 實際數字
(C) 即將發生數字
(D) 以上皆非。

( ) 8. 若多分配製造費用之金額重大時，其結轉多分配製造費用之分錄應：
(A) 借記：銷貨成本
(B) 借記：銷貨成本及存貨
(C) 貸記：銷貨成本
(D) 貸記：銷貨成本及存貨。

( ) 9. 實施分批成本制度的核心工具是：
(A) 領料單
(B) 工時單
(C) 製造成本單
(D) 製造費用單。

( ) 10. 下列哪種情況會產生多分攤製造費用？
(A) 實際製造費用小於已分攤製造費用
(B) 實際製造費用大於已分攤製造費用
(C) 實際製造費用等於已分攤製造費用
(D) 以上皆非。

二、計算題

1. 合陽科技製造部全年製造費用預算總額$420,000，全年度機器運作時數84,000 小時，該月實際運作時數6,400 小時，實際製造費用$36,000，各帳戶餘額如下：

銷貨成本	$25,000
製成品	15,000
在製品	10,000

試作：
(1) 預計製造費用分攤率。
(2) 計算多或少分攤製造費用。
(3) 記錄製造費用及差異分攤之分錄。

2. 大方公司採用分批成本制度，製造費用是依據直接人工的150%分攤，所有多分攤及少分攤之製造費用均於月底結入銷貨成本。於民國100年6月30日當天，僅有批號為404的工作尚未完工，其已發生的成本包括直接原料$20,000、直接人工$16,000、已分攤製造費用$15,000，在7月分開工的工作有405、406、407三批。7月分領用之原料為$134,000，所發生的直接人工成本為$100,000，實際的製造費用為$258,000，截至7月底未完工的僅有批號407的工作，該工作已投入直接原料$14,000及直接人工$9,200。

試作：

(1) 計算民國100年7月分之生產成本表（schedule of cost of goods manufactured）。

(2) 計算7月31日結入銷貨成本之多分攤或少分攤之製造費用。

作上項相關之分錄。

3. 大成公司採用分批成本制度，該公司5月分的成本及營運資料如下：

銷貨收入（一半賒銷）	$400,000
原料採購成本	210,000
直接人工成本	320,000
已使用的直接原料	140,000
實際製造費用（包括折舊費用$22,000）	105,000
製成品成本	408,000
機器小時	20,000

大成公司預計製造費用分攤率為每機器小時$5，期初原料存貨成本為$15,000，而期初在製品存貨成本為$22,000，另外期初與期末的製成品存貨分別為$35,000及$54,000。

試作：

(1) 求出期末的原料存貨、在製品存貨及本期製造成本、銷貨成本餘額。

(2) 5月分的製造費用為高估或低估多少？

(3) 編製5月分交易之會計分錄。

4. 宇安公司採分批成本制度，民國101年6月底月結時，有關資料如下：

	6/30 餘額	6/1 餘額
製成品	?	$88,000
在製品	?	22,000
材料（直接材料及物料）	$25,300	16,500
應收帳款	71,500	49,500
應付帳款	5,500	7,700
應付薪工	15,400	12,100

a. 銷貨均採賒銷方式，毛利率為28%。
b. 應付帳款帳戶僅限於記載賒購材料結欠廠商之貨款。
c. 製造費用預計分攤率為直接人工成本之150 %。
d. 6月分實際發生之其他製造費用總額為$66,000。
e. 6月分耗用之直接原料成本總額為$88,000。
f. 6月分付現之應付帳款總額為$112,200。
g. 6月分尚未製成之成本單僅一批，該批成本單截至月底已投入之直接原料成本為$11,000，直接人工成本為$8,800。
h. 6月分收現之應收帳款總額為$528,000。
i. 6月分之製成品成本為$352,000。
j. 6月分共支付薪工$189,200。

(1) 試求101年6 月分之各項金額：
①購入材料總額。
②銷貨成本。
③製成品期末餘額。
④在製品期末餘額。
⑤直接人工成本。
⑥已分攤製造費用。
⑦多（或少）分攤製造費用。
(2) 假設多（或少）分攤製造費用之金額相對很小，則此差異應如何處理？

第2章解答

一、選擇題

1.(D) 2.(B) 3.(D) 4.(C) 5.(B) 6.(B) 7.(A) 8.(D) 9.(C) 10.(A)

二、計算題

1. (1) 預計製造費用分攤率＝$420,000÷84,000＝$5

(2) 預計製造費用＝6,400×$5＝$32,000＜實際製造費用$36,000

少分攤製造費用＝$36,000－$32,000＝$4,000

	帳戶餘額	差異分攤
銷貨成本	$25,000	$2,000
製成品	15,000	1,200
在製品	10,000	800
總計	$50,000	$4,000

(3) 分錄：

① 在製品	32,000	
已分攤製造費用		32,000
② 已分攤製造費用	32,000	
少分攤製造費用	4,000	
製造費用		36,000

③ 製造費用的差異應按銷貨成本、製成品及在製品的餘額比例分攤。

銷貨成本	2,000	
製成品	1,200	
在製品	800	
少分攤製造費用		4,000

2. (1) 大方公司生產成本表（民國100 年7 月分）

期初在製品		
直接材料	$20,000	
直接人工	16,000	
已分配製造費用	15,000	$51,000
本期投入製造成本		
直接材料	$134,000	

直接人工	100,000	
已分配製造費用($100,000×150%)	150,000	384,000
本期可供製造成本		$435,000
減：期末在製品		
直接材料	$14,000	
直接人工	9,200	
已分配製造費用($9,200×150%)	13,800	(37,000)
製成品成本		$398,000

少分配製造費用＝$258,000－$150,000＝$108,000

(2) 分錄：

① 發生製造費用：

製造費用	258,000	
有關貸項		258,000

② 分配製造費用：

在製品	150,000	
已分配製造費用		150,000

③ 結轉少分配製造費用：

已分配製造費用	150,000	
少分配製造費用	108,000	
製造費用		258,000
銷貨成本	108,000	
少分配製造費用		108,000

3. (1) ① 期初材料成本＋材料採購成本－耗用材料成本＝期末材料成本
$15,000＋210,000－$140,000＝$85,000

② 耗用材料成本＋直接人工＋已分配製造費用＝本期製造成本
$140,000＋$320,000＋$100,000＝$560,000

③ 本期製造成本＋期初在製品－期末在製品＝製成品成本
$560,000＋22,000－期末在製品＝$408,000
期末在製品＝$174,000

④ 製成品成本＋期初製成品－期末製成品＝銷貨成本
$408,000＋$35,000－$54,000＝$389,000

(2) 少分攤製造費用＝$105,000－$100,000＝$5,000

(3) 分錄：

① 購料：

材料	210,000	
應付帳款		210,000

② 直接人工：

薪工	320,000	
應付薪工		320,000
在製品	320,000	
薪工		320,000

③ 用料：

在製品	140,000	
材料		140,000

④ 實際產生製造費用：

製造費用	105,000	
累積折舊		22,000
有關貸項		83,000

⑤ 記錄預計製造費用：

在製品	100,000	
已分配製造費用		100,000

⑥ 本期製成品：

製成品	408,000	
在製品		408,000

⑦ 本期銷貨成本及銷貨收入：

現金	200,000	
應收帳款	200,000	
銷貨收入		400,000
銷貨成本	389,000	
製成品		389,000

4. (1) ① 付現數＝期初應付帳款＋本期賒購材料－期末應付帳款
$112,200＝$7,700＋本期賒購材料－$5,500
本期賒購材料＝$110,000

② 收現數＝期初應收帳款＋本期賒銷－期末應收帳款
$528,000＝$49,500＋本期賒銷－$71,500
本期賒銷＝$550,000

由於毛利率為28%，表示：銷貨收入×（1－28%）＝銷貨成本
所以，銷貨成本＝$550,000×72%＝$396,000

③ 製成品成本＋期初製成品－期末製成品＝銷貨成本
$352,000＋$88,000－期末製成品＝$396,000
期末製成品＝$44,000

④ 在製品期末餘額＝（期末未完成之成本單上截至月底已投入之）直接原料成本＋直接原料成本＋已分配製造費用
＝$11,000＋$8,800＋（$8,800×150%）＝$33,000

⑤ 本期製造成本＋期初在製品－期末在製品＝製成品成本
本期製造成本＋$22,000－$33,000＝$352,000
本期製造成本＝$363,000
耗用材料成本＋直接人工＋已分配製造費用＝本期製造成本
$88,000＋直接人工＋直接人工×150%＝$363,000
直接人工＝$110,000

⑥ 已分攤製造費用＝直接人工×150%＝$110,000×150%＝$165,000

⑦ 支付薪工數＝期初應付薪工＋本期發生薪工－期末應付薪工
$189,200＝$12,100＋本期發生薪工－$15,400
本期發生薪工＝$192,500
本期發生薪工－直接人工＝間接人工
$192,500－$110,000＝$82,500
實際製造費用＝其他製造費用＋間接材料＋間接人工
＝$66,000＋$13,200＋$82,500
＝$161,700 <已分攤製造費用$165,000
因此，多分攤製造費用＝$165,000－$161,700＝$3,300

(2) 直接認列當期損益COGS。

第3章

分步成本制度

章節體系架構▼

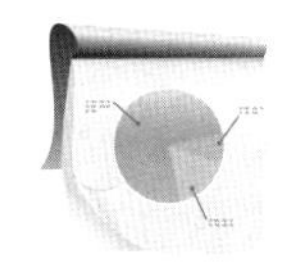

Unit 3-1 分步成本制度的意義及會計處理(一)

本章要介紹在企業間常使用的另一種成本制度—分步成本制度。工廠要採用分批還是分步成本制度，取決於所生產產品的相似程度，產品相似程度高則採用分步成本制度。無論採用何種成本制度，最重要的在於能夠精確算出產品成本（通常要先求得單位成本），因為先將產品成本精準求得後，對於產品定價才能進行預估，然後再將產品買賣交易。

一、直接材料與加工成本

要瞭解分步成本制度的學習方式如同分批成本制度，都須回到第一章成本介紹章節中去探討。在第一章中將產品成本分為直接和間接成本，分步成本制度下，直接成本係指直接材料的投入，而間接成本就是與產品有關的加工成本。如果對於分步成本制度非常熟悉，可瞭解此制度常用到的成本報告單（見本章第三單元）也是以直接材料與加工成本作為產品的處理流程。值得注意的是這些材料是在製程中哪一階段投入，會影響到成本的計算，而加工成本則是在製程中平均投入。

所謂的分步成本制度是以部門作為產品生產的流程，若產品成本可直接歸屬於成本（流程）標的，視為製程的一部分會借記在製品—部門。相關會計處裡說明如下。

二、直接材料的會計處理

首先我們先預擬工廠相關情境，所生產產品假設需經熔化與鑄造兩個程序，工廠中有熔化與鑄造部門，產品完工後轉到製成品再行銷售。在工廠已接到客戶訂單情況下，為了產品的銷售先行購料，於是會計人員在賒購情況下先作分錄，注意買入材料後直接材料的部分直接運到熔化與鑄造部，屬產品製程的一部分，間接材料則如同前章所作，視為實際發生借記製造費用統制帳。其購買材料分錄所作如下：

材料	×××	
應付帳款		×××

有了材料之後，開始生產需要領用材料。領用材料可分為領用直接材料及間接材料，由於直接材料部分是從部門間領出的，假設自熔化部和鑄造部領用直接材料，所作分錄如下：

在製品－熔化部	×××	
在製品－鑄造部	×××	
材料		×××

若是領用的是間接材料，相同於分批成本的作法，借記製造費用統制帳，借記此科目理由則與第二章相同，於是所作分錄為：

製造費用統制帳	×××	
材料		×××

分步成本制度成本流程

分步成本制度成本流程主要有連續式、平行式和選擇式，重要的是產品皆在工廠中部門間流轉。

在連續式產品流程，產品處理過程是連續地透過一連串的生產步驟，如圖3-1。

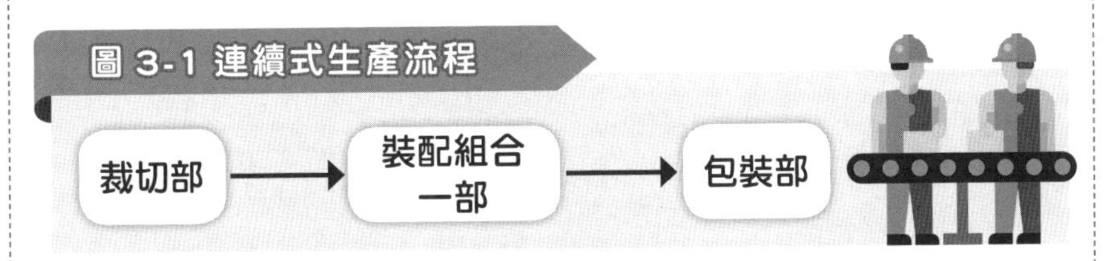

平行式生產流程，產品線的生產工作通常是分別同時進行，最後再匯入最終一個或數個步驟，最後完成產品轉入製成品，如圖3-2。

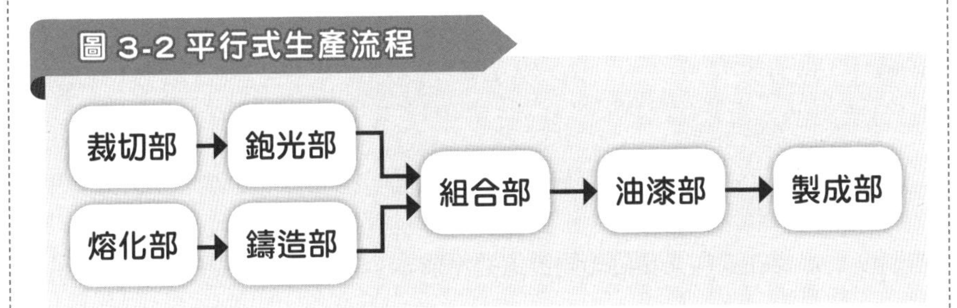

選擇式的生產流程通常視產品最終型態為何，選擇的生產部門即不同，如圖3-3。

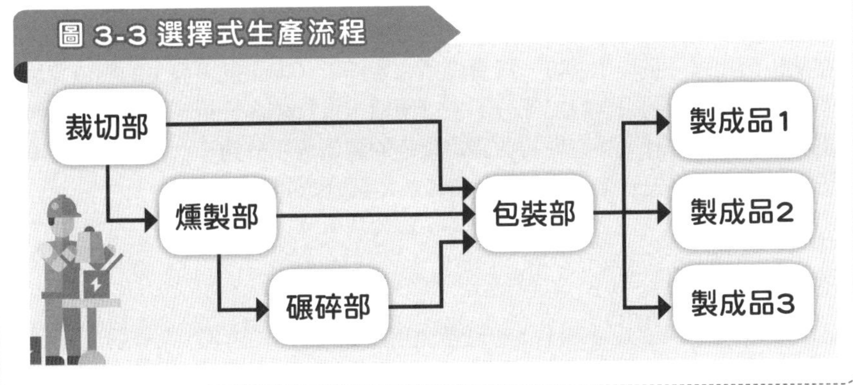

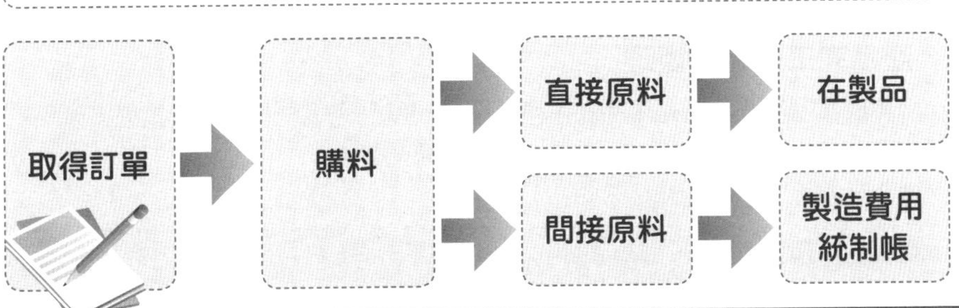

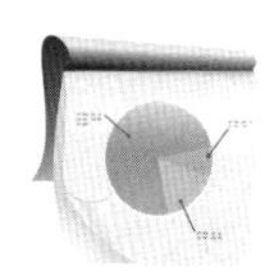

Unit 3-2 分步成本制度的意義及會計處理(二)

三、人工成本的會計處理

首先記錄薪工的發生，若未發放會貸記應付薪工，將應付薪工估列入帳，若已實際支付則貸記現金，於是先作此分錄：

薪工	×××	
應付薪工（或現金）		×××

接下來要將這些成本歸屬到相關部門或統制帳中進行直接或間接人工的分配。進行薪工分配時，假設分配直接人工小時至熔化部和鑄造部，所作分錄如下：

在製品－熔化部	×××	
在製品－鑄造部	×××	
薪工		×××

如發生間接人工，與分批成本制度下分錄相同。應注意的是當借記製造費用統制帳時（材料、製造費用處理亦同），所強調的都是實際發生成本而非預計，分步與分批成本制度下都要在期初先預計相關製造費用成本，期末才做差異分析結轉，會計人員於是作下列分錄：

製造費用統制帳	×××	
薪工		×××

在此也須如同分批成本制度一樣彙總所有實際上（非預計）發生的製造費用總金額（借記製造費用統制帳含料工部分），以便期末進行差異分析。另外，預計製造費用也要進行分配，會計人員在期初要確定預定的製造費用分攤率，再用此分攤率乘上該部門的活動量。假設分攤至熔化以及鑄造部，則分錄如下：

在製品－熔化部	×××	
在製品－鑄造部	×××	
已分配製造費用		×××

會計程序至此，部門中（借記在製品—部門的科目）的料工費都已記錄。

四、產品完工的會計處理

分步成本制度強調的是產品在生產部門之間產品完工的移轉及最後完工產品結轉至製成品。在此假設所生產產品要經熔化部移轉至鑄造部，則在熔化部產品成本會移轉到鑄造部，所作分錄為：

在製品－鑄造部	×××	
在製品－熔化部		×××

現在產品都已到達鑄造部門，假設完工產品在經鑄造階段即已完工，完工後移轉至製成品，於是會作下列分錄：

製成品	×××	
在製品－鑄造部		×××

這時製成品成本已產生，截至產品銷售之前的流程也完成了！之後這些成本會轉到銷貨成本，同時製造費用若有多或少分配也在此一併處理，相關會計處理與分批成本制度是相同的，在此則不再重複說明。

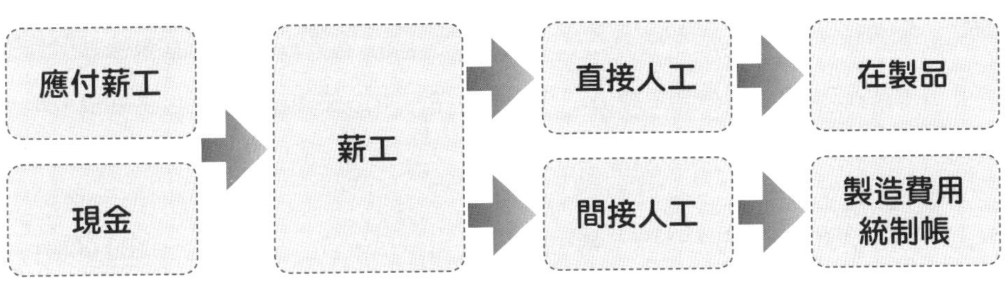

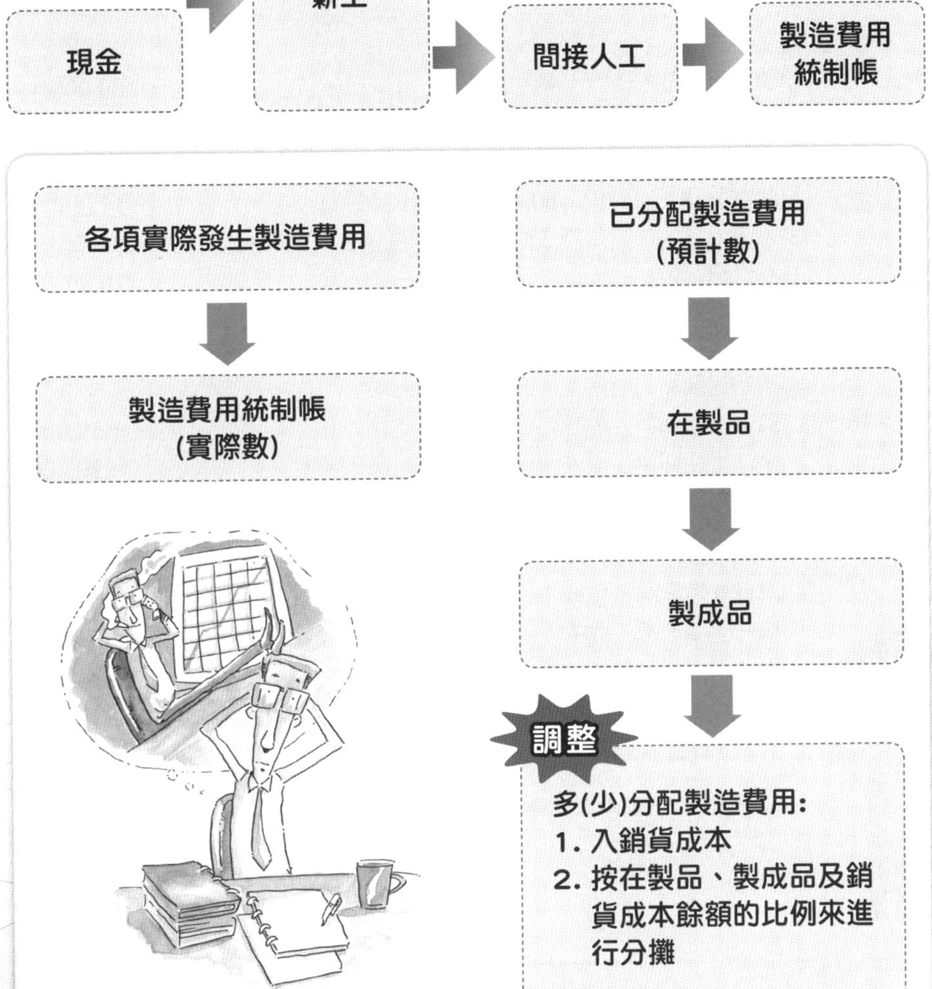

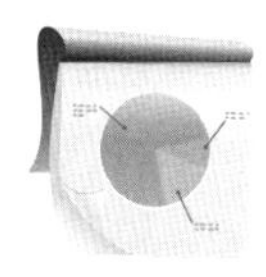

Unit 3-3 成本計算及編製生產成本報告單

編製方法有加權平均法和先進先出法。首先計算約當單位產量及約當單位成本，之後再進行成本分配。編製過程如下所示。

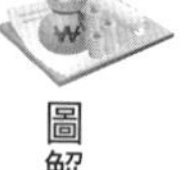

範例

丙公司生產某種產品，經第一及第二、第三生產部連續製造，以下為第二生產部103年12月分有關數量及成本資料：

(1) 數量資料：

由第一生產部於本月分轉來的數量	100,000件
月初在製品（原料投入80%，加工完成60%）	5,000件
本月製成轉入第三生產部的數量	80,000件
月底在製品（原料投入60%，加工完成40%）	15,000件
本月分損耗的數量（製成時發生、無殘值，其中40%為非常損耗）	10,000件

(2) 成本資料：

①期初在製品的成本：

第一生產部投入成本	$50,000
第二生產部原料成本	$20,000
第二生產部人工成本	$12,000
第二生產部製造費用	$9,000

②本月分投入的各項成本：

第一生產部投入成本	$1,052,500
第二生產部原料成本	$534,400
第二生產部人工成本	$391,200
第二生產部製造費用	$327,000

試按：1.加權平均法；2.先進先出法，編製第二生產部門之生產成本報告單。

解答

1.加權平均法

約當產量	實際流量	前部移轉成本	直接材料	加工成本
月初在製品	5,000			
第一部門本月轉入	100,000			
	105,000			
本月完成轉入次部	80,000	80,000	80,000	80,000
月底在製品	15,000	15,000	9,000	6,000
正常損失	6,000	6,000	6,000	6,000
非正常損失	4,000	4,000	4,000	4,000
	105,000	105,000	99,000	96,000

成本資料：	總成本	單位成本
期初在製品成本：		
前部成本：	$50,000	
本部成本：		
材料	20,000	
加工成本	21,000	
本期投入成本：		
前部成本：	1,052,500	$10.50
本部成本：		
材料	534,400	5.60
加工成本	718,200	7.70
合計	$2,396,100	$23.80

成本分配：	
本月製成品成本：	
負擔正常損壞前成本（$23.80×80,000）	$1,904,000
負擔正常損壞成本（$23.80×6,000）	142,800
	$2,046,800
月底在製品成本：	
前部成本（$10.50×15,000）	$ 157,500
原料（$5.60×9,000）	50,400
加工成本（$7.70×6,000）	46,200
	254,100
非常損壞品成本（$23.80×4,000）	95,200
合計	$2,396,100

2.先進先出法

約當產量	實際流量	前部成本	直接材料	加工成本
月初在製品	5,000	(5,000)	(4,000)	(3,000)
第一部門本月轉入	100,000			
	105,000			
本月完成轉入次部	80,000	80,000	80,000	80,000
月底在製品	15,000	15,000	9,000	6,000
正常損失	6,000	6,000	6,000	6,000
非正常損失	4,000	4,000	4,000	4,000
	105,000	100,000	95,000	93,000
單位成本計算：	**總成本**	**單位成本**		
本期投入成本：				
前部成本：	1,052,500	$10.525		
本部投入成本：				
材料	534,400	5.625		
加工成本	718,200	7.722		
合計		$23.872		

成本分配：	
製成品轉入次部：	
本月初在製品完成部分：	
期初在製品成本	$91,000
本月增投成本：	
原料（$5.625×1,000）	5,625
加工成本（$7.722×2,000）	15,444
	$112,069
本月生產本月製成部分：$23.872×75,000	1,790,400
負擔正常損壞品成本：$23.872×6,000	143,232
尾數調整：	79
小計：	$2,045,780
期末在製品成本：	
前部成本（$10.525×15,000）	$157,875
原料（$5.625×9,000）	50,625
加工成本（$7.722×6,000）	46,332
	254,832
非常損壞品成本（$23.872×4,000）	95,488
合計	$2,396,100

第3章習題

一、選擇題

( ) 1. 下列何者並非分步成本制的特性？
(A) 產品同質性大
(B) 產品差異大
(C) 一種成本累積制度
(D) 需計算約當產量。

( ) 2. 臺北公司某部門在7月分完成3,000件產品，期末在製品100件（材料完工100%，加工50%），請問材料的約當產量為多少？
(A) 3,000
(B) 3,050
(C) 3,100
(D) 以上皆非。

( ) 3.下列何者最不可能運用分步成本制？
(A) 電腦螢幕之製造
(B) 油漆製造
(C) 柳橙汁製造
(D) 客製化遊艇製造。

( ) 4. 若工廠所製產品屬於連續性、大量生產時，則較適合採用何種會計制度？
(A) 分步成本制
(B) 分批成本制
(C) 估計成本制
(D) 混合成本制。

( ) 5. 在分步成本制下，何項敘述為錯？
(A) 可採標準成本來計算成本
(B) 適合行業為石油、化學工業、糖果製造商、造紙業及煉鋼廠
(C) 因為是以各個部門為計算基礎，所以具有責任會計觀念
(D) 可按批次累積成本。

( ) 6. 在分步成本制下，加權平均法的約當產量之計算公式為：
(A) 本期完工數量＋期末在製品數量×完工比例
(B) （期初在製品數量＋本期完工數量＋期末在製品數量）×完工比例

(C)（期初在製品數量＋本期完工數量－期末在製品數量）×完工比例
(D)（本期完工數量＋期末在製品數量）×完工比例。

( ) 7. 在分步成本制下，上月成本乃指：
(A) 期初在製品
(B) 期中在製品
(C) 期末在製品
(D) 前部成本。

( ) 8. 分步成本制於計算約當產量時，需提供期初在製品存貨完工程度資料者，下列何者正確？
(A) 甲
(B) 乙
(C) 丙
(D) 丁。

選項	先進先出法	平均法
甲	是	是
乙	是	否
丙	否	是
丁	否	否

( ) 9. 在分步成本制下，第二步序後，各部當期開工之產品，無論其是否完工，均含有多少比例的前部成本？
(A) 100%
(B) 80%
(C) 50%
(D) 視用料情形而定。

( ) 10. 在分步成本制下的平均法，期初在製品的完工程度：
(A) 必須考慮
(B) 單獨計算
(C) 不用考慮
(D) 視情形而定。

二、計算題

1. 三商工廠採用分步成本會計制度，且其用料與加工程度一致，100年第二生產部的生產資料如下：第一生產部轉來3,000件，本年完成？件；另外，99年底在製品

1,000件，完工程度20%；100年底在製品1,500件，完工程度40%。試求：
(1) 本年第二生產部完成多少件？
(2) 第二生產部的約當產量在加權平均法與先進先出法下相差多少？

2. 黑嘉麗公司採分步成本制，其某月分之生產成本資料如下：
期初在製品4,000單位，材料已全數領用，施工程度30%，耗用直接材料$3,800，加工成本$3,100。
該月分共投入直接材料$8,100，加工成本$2,900。
該月分完工製成品共計6,000單位。
期末在製品2,500單位，材料已全數領用，施工程度40%。
(1) 若黑嘉麗公司採用加權平均法，試求出：
(2) 約當產量；
(3) 單位成本；
(4) 製成品成本；
(5) 期末在製品成本。

3. 承上題，若黑嘉麗公司採用先進先出法，試求出：
(1) 約當產量；
(2) 單位成本；
(3) 製成品成本；
(4) 期末在製品成本。

4. 永富公司生產某產品，經甲、乙、丙三生產部連續製造，以下為乙生產部本年度6月分有關數量及成本資料：

數量資料：（單位）	
月初在製品	5,000
由甲生產部於本月分轉來的數量	70,000
本月完工單位（其中60,000單位轉入丙生產部，8,000單位存放乙生產部）	68,000
月底在製品	4,000
正常損失	3,000

成本資料：	
a. 月初在製品	
甲生產部投入成本	$13,130
乙生產部人工成本	500
乙生產部製造費用	100
b. 本月分發生的各項成本	
甲生產部投入成本	$184,870

乙生產部人工成本 14,410
乙生產部製造費用 7,000

設乙生產部製造過程中發生的損耗由該生產部本月分完工及月底在製品共同分擔，試按加權平均法編製乙生產部6月分的生產成本報告單。

5. 大有公司採分步成本制，其第一部門6月分生產資料如下：

a. 成本資料：

	月初在製品	本月投入
材料	$8,000	$100,000
人工	7,080	60,000
製造費用	1,780	39,500

b. 若採先進先出法，人工之單位成本為$1.20。
c. 若採平均法，材料當產量為54,000 件（材料於生產開始時即全部投入）。
d. 若採平均法，製造費用之單位成本為$0.8。
e. 若採平均法，本月轉入次部成本為$196,800。
f. 人工及製造費用均勻發生。
g. 期初在製品之完工程度為40%，無損失單位發生。

試問：

(1) 期初在製品之數量；
(2) 期末在製品加工成本之完工程度；
(3) 先進先出法移轉的次部成本。

三、簡答題

試比較分步成本制與分批成本制之異同。

一、選擇題

1.(B)　2.(C)　3.(D)　4.(A)　5.(D)　6.(A)　7.(A)　8.(B)　9.(A)　10.(C)

二、計算題

1. 列出數量表：

(1) 前部轉入　3,000
期初在製品（20%）　1,000
本期投入　4,000
本期完成　?　（倒推得2,500）
期末在製品（40%）　1,500
本期產出　4,000

(2) 計算約當數量：
平均法：2,500 ＋ 1,500×40%＝ 3,100
先進先出法：2,500 ＋ 1,500×40%－ 1,000×20%＝ 2,900
相差：3,100 － 2,900 ＝ 200

2. 先列出數量表：

本期投入　4,500　（倒推得4,500）
期初在製品（30%）　4,000
本期共投入　8,500
本期完成　6,000
期末在製品（40%）　2,500
本期產出　8,500

(1) 計算約當產量：
直接材料：6,000 ＋ 2,500×100%＝ 8,500
加工成本：6,000 ＋ 2,500×40%＝ 7,000

(2) 計算單位成本：

	總成本	約當單位	單位成本
期初加本期投入成本			
直接材料	$11,900	8,500	$1.4
加工成本	6,000	7,000	0.86
			$2.26

(3) 計算製成品成本：

製成品成本：6,000×$2.26 ＝$13,560

(4) 計算期末在製品成本：

直接材料　$3,500（2,500×100%×$1.4）

加工成本　　860（2,500×40%×$0.86）

　　　　　$4,360

3. (1) 約當產量：

直接材料：6,000 ＋ 2,500×100%－ 4,000×100%＝ 4,500

加工成本：6,000 ＋ 2,500×40%－ 4,000×30%＝ 5,800

(2) 計算單位成本：

	總成本	約當單位	單位成本
期初在製品成本	$6,900		
直接材料	8,100	4,500	$1.8
加工成本	2,900	5,800	0.5
			$2.3

(3) 計算製成品成本：

上期已投入		
直接材料	$3,800	
加工成本	3,100	$6,900
本期增投入		
直接材料	$0*	
加工成本	1,400**	1,400
本期投入本期完工		4,600***
製成品成本		$12,900

* 4,000×（1－100%）×$1.8

** 4,000×（1－30%）×$0.5

*** 2,000×$2.3

(4) 計算期末在製品成本：

期末在製品成本

直接材料	$4,500	（2,500×100%×$1.8）
加工成本	500	（2,500×40%×$0.5）
期末在製品成本	$5,000	

4. 提示：正常損耗只出現在數量表中，並不會影響成本的計算及分攤。

乙生產部生產成本報告單本年度6月分數量表約當產量：

實際單位	前部	人工	製造費用
期初在製品		5,000	
前部轉入		70,000	
本期投入總量		75,000	

製成品：

		成本資訊	前　部	人　工	製造費用
完工轉入本部門	60,000				
存放本部門	8,000	68,000	68,000	68,000	68,000
期末在製品（加工75%）		4,000	4,000	3,000	3,000
正常損壞（製造過程中發生）		3,000	–	–	–
本期產出總量		75,000	72,000	71,000	71,000

成本資料：

	總成本		約當量		單位成本
前部轉入：	$（13,130 + 184,870）	÷	72,000	=	$2.75
人工：	$（500 + 14,410）	÷	71,000	=	0.21
製造費用：	$（100 + 7,000）	÷	71,000	=	0.10
總投入成本	$220,010				$3.06

成本分攤：

製成品：

完工轉入丙部門：	$3.06×60,000	=	$183,600	
存放本部門：	$3.06×8,000	=	24,480	$208,080
期末在製品：				
前部轉入：	$2.75×4,000×100%	=	$11,000	
人工：	0.21×4,000×75%	=	630	
製造費用：	0.1×4,000×75%	=	300	11,930
總產出成本：				$220,010

5. 採平均法時，材料之約當產量為54,000件

採平均法時，製造費用之約當產量＝（$39,500 ＋$1,780）÷$0.8 ＝ 51,600 件
採先進先出法時，人工之約當產量＝$60,000÷$1.2＝ 50,000 件
完工製成品數量＝$196,800÷[$0.8＋（$8,000 ＋$100,000）÷54,000 ＋（$7,080 ＋$60,000）÷51,600]＝48,000 件
又已知：
完工製成品＋期末在製品＝54,000
完工製成品＋（期末在製品×完工程度%）－（期初在製品×40%）＝ 50,000
完工製成品＋（期末在製品×完工程度%）＝ 51,600
將完工製成品48,000代入，可分別求出：
期初在製品=（51,600 － 50,000）÷40%＝ 4,000 ----- (1)
期末在製品＝ 6,000件
期末在製品加工成本之完工程度＝ 60% ----- (2)
依照先進先出法：
材料單位成本＝$100,000÷（54,000 － 4,000）＝$2.0
人工單位成本＝$1.20
製造費用單位成本＝$39,500÷（51,600 － 4,000×40%）＝ 0.79
轉入次部成本＝（$8,000 ＋$7,080 ＋$1,780）＋（$2.0 ＋$1.20 ＋$0.79）×（48,000 － 4,000）＋（$1.20 ＋$0.79）×4,000×（1—40%）＝$197,196 ----- (3)

三、簡答題

(一) 相異處：

項　目	分步成本制	分批成本制
1.成本累積	成本按生產步序或部門來累積	成本按工作批次或特定訂單來累積
2.成本單	生產成本報告單	分批成本單
3.單位成本計算	特定期間歸屬於某一部門之總成本÷該批訂單的生產量	以成本單所彙集的總成本÷該批訂單的生產量
4.計算基礎	單位成本以各個部門為計算基礎	單位成本會隨著訂單的不同而有變化
5.適用情況	適用於連續性、大量生產之製造業，如水泥業、塑膠業及石化業等	適適用於接受顧客訂單而生產的行業，如造船業
6.在製品帳戶	在製品帳戶會因為加工部門的增加而增加	在製品帳戶只有一個

(二) 相同處：

1. 最終目的：計算產品的單位成本。

2. 使用相同的會計科目：當原料、人工及製造費用投入時，借記在製品帳戶；產品製造完成時，再由在製品轉到製成品帳戶；產品出售時則由製成品轉至銷貨成本帳戶。

第 4 章

聯產品

章節體系架構 

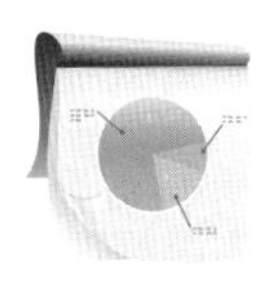

Unit 4-1 聯產品的基本介紹及其會計處理

採用同一資源或是相同的材料經過相同的過程，而產生兩種或是兩種以上的產品稱作聯產品，此產品有下列特色：

1.產品與其他主產品居同等重要地位。

2.產品為生產的主要目標。

3.價值相較於其他產品高。

另外，聯合成本則是在同一製程中所產生多樣產品的成本，為分離點之前所發生的成本。聯合成本不可分割，為所有產品的總數，而非單一產品的個別成本。至於有關產品製造流程，以下說明之。

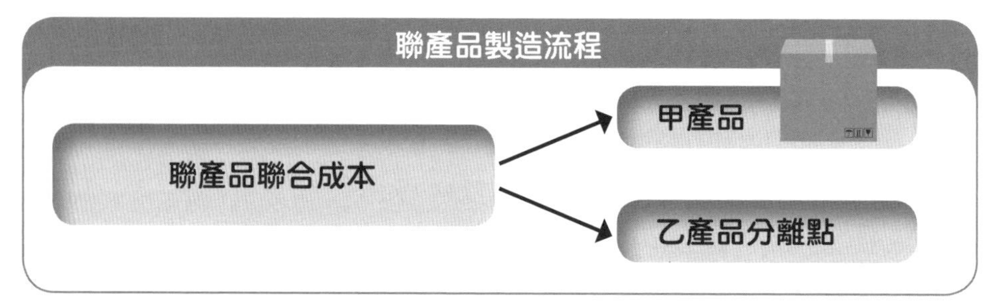

聯產品的會計處理主要是分攤聯合成本至聯產品，而分攤的方式主要有市價法、平均單位成本法、加權平均法以及數量或實體單位法，茲說明如下。

一、市價法

市價法是依聯產品在分離點的總市價為基礎，依其相對市價比例來分攤聯合成本。此法是用在聯產品在分攤點可銷售的情況。若是聯產品在分攤點無法銷售，則採用假定市價法。假定市價法將是分離點之後的加工成本從最後售價中減除以推得假定的市價。

二、平均單位成本法

在平均單位成本法之下，每一產品是在相同的製程中產生，所以用生產單位的比例來分攤聯合成本。通常此法是用在產品彼此間的市價差異不大時使用。

三、加權平均法

在加權平均法之下，則是以產量乘上加權因素後，作為分攤聯合成本至產品的基礎。

四、數量或實體單位法

在數量或實體單位法之下，要將聯產品的衡量單位轉換為共同的衡量單位，如磅或是其餘的衡量基礎，應該化為一致。

綜合釋例

某公司經過相同的製造程序之後，發生聯合成本60,000元，同時生產A、B、C、D四種聯產品，資料如下：

聯產品	產品產量	分離點單位售價	單位重量	權數	分離點後加工成本	加工後每單位售價
A	40,000	3元	5公斤	4	3,000元	3元
B	30,000	2	4	5	50,000	5
C	20,000	2	3	5	60,000	2
D	30,000	1	2	6	40,000	4

請分別依分離點市價法、假定市價法、平均單位成本法等方法分攤聯合成本：

1.分離點市價法

聯產品	產量	單位售價	總市價	產品價值占總市價的比例	聯合成本之分攤
A	40,000	$3	$120,000	48%	$28,800
B	30,000	2	60,000	24	14,400
C	20,000	2	40,000	16	9,600
D	30,000	1	30,000	12	7,200
合計			$250,000	100%	$60,000

2.假定市價法

聯產品	產量	單位售價	最終市價	分離點後加工成本	假定市價	聯合成本
A	40,000	$3	$120,000	$ 3,000	$117,000	$22,145
B	30,000	2	60,000	50,000	100,000	18,927
C	20,000	2	40,000	60,000	20,000	3,786
D	30,000	1	30,000	40,000	80,000	15,142
合計			$250,000	$153,000	$317,000	$60,000

3.平均單位成本法

聯產品	產量	聯合成本的分攤
A	40,000	$20,000
B	30,000	15,000
C	20,000	10,000
D	30,000	15,000
合計	120,000	$60,000

第4章習題

一、選擇題

( ) 1. 下列有關聯合成本的會計處理，何者有誤？
(A) 聯合成本係指在分離點以前所發生的成本
(B) 可分離成本係指在分離點以後所發生的成本，通常指加工成本
(C) 副產品一律不分攤聯合成本
(D) 聯產品分攤聯合成本的方法有市價法或數量法。

( ) 2. 聯合成本與共同成本的差異，何者有誤？
(A) 共同成本指使用共同設備所發生的成本
(B) 聯合成本乃製造數種產品共同耗用材料、人工及製造費用之總和
(C) 聯合成本不具有可分性；共同成本具有可分性
(D) 聯合成本與共同成本均具可分性。

( ) 3. 下列有關副產品之敘述，何者有誤？
(A) 產品銷售對於公司盈虧的影響很微小
(B) 廢料的一種
(C) 製造某種主產品所附帶產生
(D) 產量較少、價值較低。

( ) 4. 中油公司使用原油提煉汽油及柴油，則原油之成本稱為汽油及柴油之：
(A) 直接成本
(B) 主要成本
(C) 聯合成本
(D) 加工成本。

( ) 5. 在副產品不分攤成本的情況下，下列副產品收入之處理方法，何者有誤？
(A) 列為其他收入
(B) 列為額外銷貨收入
(C) 列為主產品銷貨成本之減項
(D) 列為主產品總成本之加項。

( ) 6. 某公司生產主產品時，同時產出副產品，分離點以前的聯合成本為\$150,000；分離點以後的主產品成本為\$100,000，副產品成本為\$2,000；主產品最後市價\$350,000，副產品\$10,000；無期末存貨；若副產品以淨收入法處理，並列為其他收入，在無須分攤銷管費用情況下，其收入應為多少？

(A) $8,000
(B) $10,000
(C) $100,000
(D) $108,000。（提示：副產品淨收入＝毛收入－分離成本）

( ) 7. 承上題，若副產品須分攤$1,500的銷管費用，利潤為售價的12%，則在市價法下，副產品須分攤多少聯合成本？
(A) $8,800
(B) $8,500
(C) $8,000
(D) $5,300。（提示：副產品聯合成本＝最後市價－分離成本－銷管費用－利潤）

( ) 8. 在聯產品成本的會計處理中，下列何種方法能使所有產品的毛利率均相同？
(A) 市價法
(B) 數量法
(C) 實際成本法
(D) 重量法。

( ) 9. 設A、B兩種聯產品，其聯合成本為$300,000，A產品3,000單位，每單位售價20元；B產品4,000單位，每單位售價10元。若按市價法分攤聯合成本，A產品每單位應該分攤：
(A) $45
(B) $60
(C) $55
(D) $65。

( ) 10. 聯產品的會計處理主要是分攤聯合成本至聯產品，下列何者為其分攤的方式？
(A) 市價法
(B) 平均單位成本法
(C) 加權平均法
(D) 以上皆是。

二、計算題

1. 愛之味食品公司使用相同的原料，聯合生產三種麵筋罐頭。聯合成本每年為$1,200,000。公司按照聯產品在分離點時的總銷售價值來分攤聯合成本。聯產品的資料如下：

聯產品	每公斤售價	每年產量
麵筋甲	$39	30,000公斤
麵筋乙	16	80,000公斤
麵筋丙	25	40,000公斤

每一種產品在分離點時均可出售或繼續加工，但繼續加工並不需要特別的設備。若麵筋甲繼續加工可成為土豆麵筋；麵筋乙繼續加工可成為香菇麵筋；麵筋丙繼續加工可成為筍茸麵筋。每一種產品繼續加工成本和加工後的銷售價格如下所示：（年資料）

加工後聯產品	加工成本	每公斤售價
土豆麵筋	$200,000	$45
香菇麵筋	290,000	20
筍茸麵筋	210,000	30

試求：在分離點時，哪些產品應該出售？哪些產品應該繼續加工？

2. 成功公司聯產品有A、B及C，其聯合成本之分攤，按達分攤點時各產品之售價為基礎。其他有關資料如下：

產品	A	B	C	合計
生產單位	6,000	4,000	2,000	12,000
聯合成本	$72,000	z	t	$120,000
分離點售價	x	y	$30,000	$200,000
分離點後加工成本	$14,000	$10,000	$6,000	$30,000
加工後售價	$140,000	$60,000	$40,000	$240,000

試求出x、y、z、t的值。

3. 怡寧公司生產A、B、C三種聯產品，其聯合成本為$100,000。A、C兩種產品在分離點後繼續加工，B產品則否。有關資料如下：

	產品重量	銷貨收入	分離後加工成本
A	300,000磅	$245,000	$200,000
B	100,000磅	$ 30,000	無
C	100,000磅	$175,000	$100,000

試求：

假設公司採用相對價值分離聯合成本，則A、B、C三產品之純利各為若干？

若公司在分離點即把產品出售，其收入為A：$50,000，B：$30,000，C：$60,000。請計算三種產品之純利（個別計算）。

若公司下年度預期生產和銷售同樣多的產品及數量，請問公司能否藉改變分離點後的加工政策而增加淨利？如果能，哪些產品應再加工？哪些不應再加工？A、B、C之總淨利多少？（假定分離點後加工）

4. 巨隆公司製造A、B兩種產品與另一副產品，其聯合產品A、B係用產量法於分離點時予以分離，副產品則用回溯成本法（Reversal Cost）貸記聯合成本。有關成本資料如下：

分離點前成本：	直接材料	$50,000
	直接人工	10,000
	製造費用	5,000
	合計	$65,000
分離點時產量：	A 產品	3,000 單位
	B 產品	2,000 單位
	副產品	1,000 單位
分離點後增加之成本：	A 產品－直接人工	$10,000
	製造費用	$10,000
	B 產品－直接人工	$20,000
	製造費用	$15,000
	副產品－製造費用	$2,500

副產品銷售利潤為售價的10%，推銷費用$1,500。各產品單位售價：A產品$200，B產品$400，副產品$10。試求A、B產品之單位成本若干？

5. 國眾公司製造甲、乙種產品與另一副產品，其聯合產品甲、乙係用假定市價法於分離點時予以分離，副產品則用回溯成本法分攤聯合成本。聯合成本為$65,000。其他相關成本資料如下：

分離點時產量：	甲產品	2,000 單位
	乙產品	4,000 單位
	副產品	1,000 單位
加工成本：	甲產品	$150,000
	乙產品	$250,000
	副產品	$3,500

副產品銷售利潤為售價的5%，推銷費用$500。各產品單位售價：甲產品$300，乙產品$200，副產品$20。另外，甲產品銷售1,200單位，乙產品銷售800單位。試求甲、乙產品之單位成本及淨利各為何？

第4章解答

一、選擇題

1.(C) 2.(D) 3.(B) 4.(C) 5.(D) 6.(A) 7.(D) 8.(A) 9.(B) 10.(D)

二、計算題

1. 比較加工後所增加的價值與加工所花的成本：

   土豆麵筋：（$45－$39）×30,000＝$180,000＜$200,000，應立即出售
   香菇麵筋：（$20－$16）×80,000＝$320,000＞$290,000，應繼續加工
   筍茸麵筋：（$30－$25）×40,000＝$200,000＜$210,000，應立即出售

   在分析立即出售或繼續加工的決策時，聯合成本為沉沒成本（第13章中有更詳細說明），並不會影響決策的進行。

   須考慮的是：產品若加工後，所增加的價值與加工成本的比較。若產品加工後所增加的價值大於加工成本，表示加工後有利可圖；反之，則不應加工。故愛之味公司中之麵筋產品只有香菇麵筋罐頭應繼續加工。

2. x＝A 產品分離點售價，則（x/$200,000）×$120,000＝$72,000，x＝$120,000
   y＝B 產品分離點售價＝$200,000－$120,000－$30,000＝$50,000
   z＝B 產品分離的聯合成本＝（$120,000×$50,000）/$200,000＝$30,000
   t＝C 產品分離的聯合成本＝（$120,000×$30,000）/$200,000＝$18,000，或
   ＝$120,000－$72,000－$30,000＝$18,000

3.

產品	分離後銷貨收入	分離點加工成本	假定市價	比例	聯合成本	純利
A	$245,000	$200,000	$45,000	30%	$30,000	$15,000
B	30,000	0	30,000	20%	20,000	10,000
C	175,000	100,000	75,000	50%	50,000	25,000
合計	$450,000	$300,000	$150,000	100%	$100,000	$50,000

假設以市價法分攤聯合成本：

產品	售價	比例	聯合成本	純利
A	$50,000	5/14	$ 35,714	$14,286
B	30,000	3/14	21,429	8,571
C	60,000	6/14	42,857	17,143
	$140,000		$100,000	$40,000

產品	加工增加之收入	加工增支成本	淨利增（減）數	再加工與否
A	$195,000	$200,000	$(5,000)	否
B	$0	$0	$0	否
C	$115,000	$100,000	$15,000	再加工

總淨利＝（$50,000＋$30,000＋$175,000）－（$100,000＋$100,000）＝$55,000

4. 先求副產品應分攤的聯合成本：

副產品銷貨收入（$10×1,000）		$10,000
減：銷貨利潤（$10,000×10%）	$1,000	
推銷費用	1,500	
分離點後加工成本	2,500	5,000
應貸記聯合成本之金額		$5,000

主產品之聯合成本＝$65,000－$5,000＝$60,000

產品	產量	比例	分攤聯合成本	分離點後加工成本	總成本	單位成本
A	3,000	60%	$36,000	$20,000	$56,000	$18.67
B	2,000	40%	24,000	35,000	59,000	$29.50
合計	5,000	100%	$60,000	$55,000	$115,000	

5. 先求副產品應分攤的聯合成本：

副產品銷貨收入($20×1,000)		$20,000
減：銷貨利潤($20,000×5%)	$1,000	
推銷費用	500	

分離點後加工成本	3,500	(5,000)
應貸記聯合成本之金額		$15,000

產品	銷售價值	加工成本	假定市價	比例	分攤聯合成本	總成本	單位成本
甲	$600,000	$150,000	$450,000	45%	$22,500	$172,500	$86.250
乙	800,000	250,000	550,000	55%	27,500	277,500	$69.375
合計	$1,400,000	$400,000	$1,000,000	100%	$50,000	$450,000	

產品	銷售收入	銷貨成本	淨利
甲	$600,000	$172,500	$427,500
乙	800,000	277,500	522,500
合計	$1,400,000	$450,000	$950,000

第5章 服務部門的成本分攤

章節體系架構

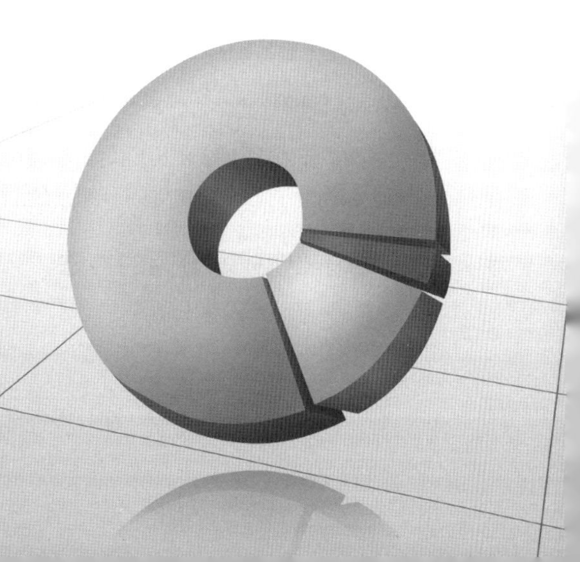

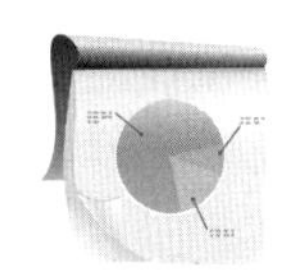

Unit 5-1 服務部門成本分攤的基礎與方法

所謂的成本分攤係指累積成本至成本標的，而成本標的可能是某一部門或某一產品，透過成本分攤，可以使資源做有效的利用，達到成本控制及訂定價格的目的，方便於做損益分析及制定經濟決策。要做成本分攤的成本項目，通常在其本質上無法直接歸屬於該產品，或是一些歸屬有困難的情形。

一、固定成本與變動成本

在進行分攤服務部門成本的過程，通常將成本劃分為固定成本與變動成本，變動成本依預計分攤率（如工時或機器小時）予以分攤。而固定成本的部分，則依預計成本分攤給生產部門。將服務部門分攤給生產部門的過程，則依成本基礎予以分配。而分攤的基礎則可將部門成本彙集於單一成本庫，不將固定或是變動成本予以劃分，或是將成本彙集於兩個或兩個以上的成本庫，其中一個成本庫為固定，其他成本庫則為變動，而固定成本庫依預計數量予以分攤，變動成本庫則依實際數量予以分攤。前者為單一分攤率法，後者則為多重分攤率法。

二、單一分攤率法與多重分攤率法釋例說明

百欣公司有一服務部以及A、B兩個生產部門，其中服務部在1月分所發生的固定成本為5,000元，而變動成本則為每小時3元，假設在1月分裡發生A、B兩個部門服務量為：A為2,000小時，B為3,000小時，而2月分中，A部門服務量為4,000小時，B為1,000小時，試以單一分攤率及多重分攤率予以分攤1月分的服務成本。

(一)在單一分攤率之下：

1.在1月分所發生固定成本為\$5,000，變動成本為\$3×5,000小時＝\$15,000，成本合計為\$20,000。

2.分攤至A部門：$\$20,000\times\frac{2}{5}=\$8,000$　分攤至B部門：$\$20,000\times\frac{3}{5}=\$12,000$

(二)在多重分攤率之下：1月份所發生固定成本如下：

A為$\$5,000\times\frac{6,000}{10,000}=\$3,000$；B為$\$5,000\times\frac{4,000}{10,000}=\$2,000$

變動成本：A為\$3×2,000小時＝\$6,000，B為\$3×3,000小時＝\$9,000。

則A部門分攤的成本為\$9,000，B部門分攤的成本為\$11,000。

三、服務部門成本分攤的方法

關於服務部門成本分攤的方法有直接法、階梯法及代數分攤法三種。直接法是將服務部門成本直接分攤至生產部門，服務部之間的成本並不相互分攤。階梯法是服務部門由最大部門開始，以階梯式的方式分攤至生產及其他服務部，分配完成即不再予以分攤。代數法則依服務部門彼此之間的比例予以分攤。

範例

		服務部門		生產部門			
部門直接費用	固定或變動	甲	乙	丙	丁	戊	合計
間接人工	變動	$3,500	$500	$4,000	$300	$1,700	$10,000
材料	變動	1,000	450	2,500		1,050	5,000
折舊	固定	2,500	350	2,250	200	1,250	6,550
部門間接費用							
租金	固定（按廠房面積比例分攤）						$10,000
動力	固定（按機器小時分攤）						5,000
其他資料：							
面積(坪)		100	200	300	300	100	
機器(小時)				2,000	4,000	2,000	
直接人工(小時)				1,000	2,000	3,000	
部門費用製造分攤基礎				人工小時	機器小時	機器小時	
服務比例							
甲部			20%	20%	40%	20%	
乙部		10%		30%	45%	15%	

請按梯形分攤法計算各生產部門製造費用分攤率：

1.部門間接費用分攤

	服務部門		生產部門			
	甲	乙	丙	丁	戊	合計
部門直接費用：						
間接人工	$3,500	$500	$4,000	$300	$1,700	$10,000
材料	1,000	450	2,500	–	1,050	5,000
折舊	2,500	350	2,250	200	1,250	6,550
部門間接費用：						
租金	1,000	2,000	3,000	3,000	1,000	10,000
動力	–		1,250	2,500	1,250	5,000
製造費用總額	$8,000	$3,300	13,000	$6,000	$6,250	36,550

2.服務部門費用之分攤

(1)梯形分攤法

	甲	乙	丙	丁	戊	合計
合計分攤前製造費總額	$8,000	$3,300	$13,000	$6,000	$6,250	$36,550
服務部門費用分攤：						
甲部門	(8,000)	1,600	1,600	3,200	1,600	
乙部門		(4,900)	1633	2450	817	
分攤後製造費總額	$0	$0	$16,233	$11,650	$8,667	$36,550
分攤基礎			1,000小時	4,000小時	2,000小時	
製造費用分攤率			$16.233	$2.9125	$4.334	

(2)直接分攤法

	甲	乙	丙	丁	戊	合計
分攤前製造費總額	$8,000	$3,300	$13,000	$6,000	$6,250	$36,550
服務部門費用分攤：						
甲部門(28,48,28)	(8,000)		2,000	4,000	2,000	
乙部門(13,12,16)		(3,300)	1,100	1,650	550	
分攤後製造費總額	$0	$0	$16,100	$11,650	$8,800	$36,550
分攤基礎			1,000小時	4,000小時	2,000小時	
製造費用分攤率			$16.10	$2.9125	$4.40	

(3)代數分攤法

甲＝$8,000＋乙×10%；乙＝$3,300＋甲×20%

→甲＝$8,500　　　　；乙＝$5,000

	甲	乙	丙	丁	戊	合計
分攤前製造費總額	$8,000	$3,300	$13,000	$6,000	$6,250	$36,550
服務部門費用分攤：						
甲(15,15,25,15)	(8,500)	1,700	1,700	3,400	1,700	
乙 (10100,3090,4590,1590)	500	(5,000)	1,500	2,250	750	
分攤後製造費總額	$0	$0	$16,200	$11,650	$8,700	$36,550
分攤基礎			1,000小時	4,000小時	2,000小時	
製造費用分攤率			$16.20	$2.9125	$4.35	

第5章習題

一、選擇題

( ) 1. 分攤服務部門成本給生產部門時，採用直接法與相互分攤法的結果為：
(A) 前者分攤給生產部門的總成本較少
(B) 前者分攤給生產部門的總成本較多
(C) 兩種方法分攤生產部門的總成本會一樣
(D) 分攤給生產部門的總成本較多或較少，需視服務部門彼此服務的程度而定。

吉米公司之成本資料如下：

	服務部門		生產部門	
	X	Y	A	B
分配前製造費用	$200,000	$100,000	$200,000	$300,000
員工人數		5,000	10,000	25,000
面積（坪）	10,000		50,000	40,000

試問：

( ) 2. 服務部門X、Y在直接分攤方法之下，A、B所分得之製造費用分別為：
(A) $312,699及$487,301
(B) $319,444及$480,556
(C) $316,456及$483,544
(D) $316,456及$312,699。

( ) 3. 在何種分攤方法之下，生產部門A所分攤的製造費用金額最大？
(A) 直接法
(B) 梯形法
(C) 代數分攤法
(D) 皆同。

( ) 4. 在梯形法之下：
(A) 已分攤完畢之部門仍可繼續分攤至其他部門

(B) 已分攤完畢之服務部門就不再分攤至其他部門
(C) 以上皆非
(D) 以上皆可。

佳佳公司基本資料如下：

		提供服務	
部門	服務部門分攤前之製造費用	部門丙	部門丁
生產部甲	$6,000	40%	20%
生產部乙	8,000	40%	50%
服務部丙	3,630	–	30%
服務部丁	2,000	20%	–
製造費用合計	$19,630	100%	100%

試問：

( ) 5. 將服務部門的成本直接分攤給生產部門，之後不再分給其他部門的分攤方式為：
(A) 直接法
(B) 梯形法
(C) 代數分攤法
(D) 以上皆非。

( ) 6. 在上述方法之下，生產部門甲、乙所能分攤的製造費用為：
(A) $6,000及$8,000
(B) 沒有一定
(C) $8,386及$11,244
(D) 以上皆非。

( ) 7. 在梯形分攤法之下，生產部門甲、乙所能分得的製造費用為：
(A) $6,000及$8,000
(B) $8,386及$11,244
(C) 甲、乙合計為$19,630
(D) 以上皆非。

( ) 8. 下列何者並非服務部門成本分攤的方法？
(A) 直接法

(B) 階梯法
(C) 代數分攤法
(D) 先進先出法。

二、計算題

1. 臺北公司正以直接人工小時為基礎，為兩生產部門（成型及裝配部）制定部門製造費用率。成型部僱用員工20名，裝配部僱用員工80名。在此部門中有每人每年工作2,000小時，成型部預計與生產有關之製造費用$200,000、裝配部$320,000，兩服務部門（修理及動力部）直接支援兩生產部門，預計製造費用依次為$48,000及$250,000，生產部門之製造費用率在服務部門之成本正確分攤以前，無法確定。下列明細表顯示各部門對修理及動力部產出之利用。

	部門			
	修理	動力	成型	裝配
修理小時	—	1,000	1,000	8,000
小時	240,000	—	840,000	120,000

試作：利用相互分攤法（有時稱為代數法）分攤服務部門成本於生產部門，並為成型部及裝配部計算每一直接人工小時之製造費用率。

2. 服務部門成本分攤法—代數方法及梯形分攤法：
甲公司設有三個生產部及兩個服務部，103年10月分，個別部門之直接部門費用及兩個服務部對其他部門的貢獻比率如下：

部門別	直接部門費用	A 服務部的貢獻比率	B 服務部的貢獻比率
甲生產部	$400,000	20%	50%
乙生產部	300,000	20%	30%
丙生產部	200,000	20%	10%
A 服務部	200,000	—	10%
B 服務部	64,000	40%	—

試根據上述資料：
(1) 按方程式計算法（代數方法），編製服務部門費用分攤表。
(2) 按個別消滅法（梯形分攤法），編製服務部門費用分攤表。

3. 勝成公司有關製造費用的預算如下：

	服務部			生產部	
	子	丑	寅	甲	乙
部門別費用……	$560,000	$744,000	$484,000	$320,000	$260,000
服務比例：					
子部…………	–	10%	20%	40%	30%
丑部…………	20%	–	10%	35%	35%
寅部…………	–	10%	–	60%	30%

試根據上述資料：

(1) 按直接分攤法，編製服務部門費用分攤表。

(2) 在直接分攤法下，假設甲部門採機器工時53,400小時作為分攤基礎，計算甲部門的預計分配率。

按階梯分攤法編製服務部門費用分攤表，分攤次序為子、丑、寅。

第5章解答

一、選擇題

1.(C) 2.(A) 3.(B) 4.(B) 5.(A) 6.(C) 7.(C) 8.(D)

二、計算題

1.

	部門			
	修理	動力	成型	裝配
部門成本	$48,000	$250,000	$200,000	$320,000
分攤服務部門成本：				
修理(1/10,1/10,8/10)	(100,000)	10,000	10,000	80,000
動力(2/10,7/10,1/10)	52,000	(260,000)	182,000	26,000
總製造費用			$392,000	$426,000
人工小時			40,000	160,000
每一直接人工小時製造費用率			$9.8	$2.6625

對服務部門之間關係之代數方程式：

R＝修理部　　R＝$48,000＋0.2P

P＝動力部　　P＝$250,000＋0.1R

R＝$48,000＋0.2（$250,000＋0.1R）＝$48,000＋$50,000＋0.02R

0.98R＝$98,000

R＝$100,000

P＝$250,000＋（0.1×$100,000）＝$260,000

2. (1) 按方程式計算法（代數方法）：

設X＝A服務部分攤後總成本；Y＝B服務部分攤後總成本

則X＝$200,000＋10%Y

X＝$64,000＋40%Y

X＝$215,000；Y＝$150,000

	部　門					合計
	A	B	甲	乙	丙	
分攤前製造費用	$200,000	$64,000	$400,000	$300,000	$200,000	$1,164,000
A 部門分配	(215,000)	86,000	43,000	43,000	43,000	
B 部門分配	15,000	(150,000)	75,000	45,000	15,000	
分攤後製造費用	$　0	$　0	$518,000	$388,000	$258,000	$1,164,000

(2) 個別消滅法（梯形分攤法）：B 部門貢獻生產部比例最大占90%，應先分配。

	部　門					合計
	A	B	甲	乙	丙	
分攤前製造費用	$200,000	$64,000	$400,000	$300,000	$200,000	$1,164,000
B 部門分配	6,400	(64,000)	32,000	19,200	6,400	
A 部門分配	(206,400)		68,800	68,800	68,800	
分攤後製造費用	$　0	$　0	$500,800	$388,000	$275,200	$1,164,000

3.

(1)	服務部			生產部	
	子	丑	寅	甲	乙
部門別費用	$ 560,000	$ 744,000	$ 484,000	$ 320,000	$ 260,000
分配子部門費用(4:3)	(560,000)			320,000	240,000
分配丑部門費用(1:1)		(744,000)		372,000	372,000
分配寅部門費用(6:3)			(484,000)	322,667	161,333
合計				$1,334,667	$1,033,333

甲部門預計分配率＝$1,334,667÷53,400＝$24.993764／每機器工時

(2)	服務部			生產部	
	子	丑	寅	甲	乙
部門別費用	$ 560,000	$ 744,000	$ 484,000	$ 320,000	$ 260,000
分配子部門費用	(560,000)	56,000	112,000	224,000	168,000
分配丑部門費用		(800,000)	100,000	350,000	350,000
分配寅部門費用			(696,000)	464,000	232,000
合計				$1,358,000	$1,010,000

甲部門預計分配率＝$1,334,667÷53,400＝$24.993764／每機器工時

第6章

標準成本制度

章節體系架構 

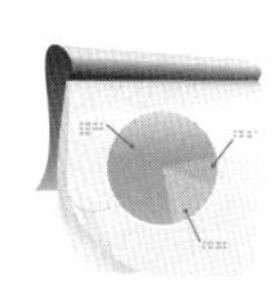

Unit 6-1 標準成本制度之意義及標準成本之制定(一)

標準是預定的衡量尺度，可作為衡量各種事務差異的公平基礎。會計上所稱之標準，係指達成既定目標所應耗用的資源數量及金額。

所謂標準成本係指管理當局在事前分別就直接材料、直接人工及製造費用訂出具有測定生產效率的數量與價格標準。數量標準是代表生產製造一單位產品應耗用多少單位的直接材料、直接人工及製造費用；價格標準是指每一單位的直接材料、直接人工及製造費用需要多少錢。

標準成本制度係指管理當局預先訂定「標準成本」，作為衡量實際成本的尺度，並將此標準成本納入傳統成本分攤制度，以計算產品的標準成本，然後定期與實際發生的成本比較，求出其間差異後，積極地修正其差異，有效地及時控制成本，達到最經濟而有效率的生產，消極地探討差異之原因及責任歸屬，達到績效衡量的目的。以下針對各類標準成本之制定予以介紹之。

一、直接材料標準成本之制定

直接材料標準成本的制定是以每單位產品為基礎。

其計算公式如下：

直接材料標準成本＝單位標準價格×單位標準耗用數量

(一)單位標準價格：是根據工程部門之分析或製造試驗後加以訂定。

(二)單位標準耗用數量：成本會計部門會同採購部門辦理，根據各等級材料之現在價格、經濟採購量、市場趨勢及價格水準等因素來估定。此標準可用以衡量採購部門之績效，並測定價格變動對企業成本利益之影響。

二、直接人工標準成本之制定

直接人工標準成本的制定是以每單位產品所需之工作時間及其工資率為基礎。

其計算公式如下：

直接人工標準成本＝單位標準工資率×單位標準耗用工時

(一)單位標準工資率：制定工資率標準時，應先將各類工作所需之人工劃分等級，然後再決定每一等級之合理工資率。工資率之決定可根據過去之平均工資率、目前人工之供需情況為基礎，並預測未來趨勢而詳加分析。企業若採用按件計酬，其計件之工資率即為標準的人工價格。

標準之種類

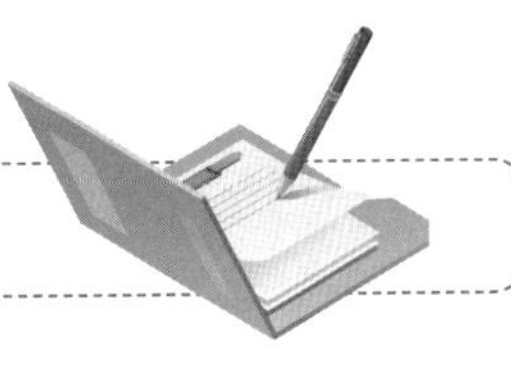

一、基本標準

標準一經設定，各年度均一貫使用。

二、現時標準

1.理想標準	在理想與最大營運效率水準下所設定之標準。
2.正常標準	在可達成優良營運效率水準下所設定之標準。
3.期望標準	在預期實際可能達成之營運效率水準下所設定之標準。
4.過去績效標準	以過去實際營運效率水準為標準。

實施標準成本制度之條件及功用

實施標準成本制度之條件及功用

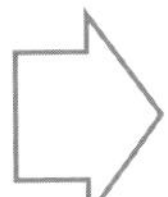

條件

1. 生產技術穩定，產品一致的製造環境。
2. 健全的工廠組織。
3. 完備的會計制度。
4. 管理科學化。
5. 全體員工施予適當之教育，使具有達成標準之觀念。
6. 建立預算控制制度。

功用

1. 標準成本可作為衡量生產效率的依據，協助管理當局達成控制成本的目的。
2. 將實際成本與標準成本比較，可衡量員工的生產績效，除作為獎懲的依據，更可使員工自行掌握生產效率。
3. 標準成本差異分析，有助於管理當局實施例外管理，及時就缺失採取改善措施。
4. 運用標準成本，可使傳統成本分攤程序簡化，並提升成本報告之效用。
5. 便於制定產銷政策，建立生產契約之訂價基礎及訂定銷售價格。
6. 以標準成本評估材料、在製品及製成品之存貨時，使其成本不因產量的變動而改變。

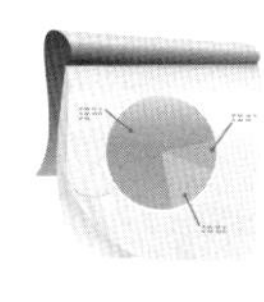

Unit 6-2 標準成本制度之意義及標準成本之制定(二)

二、直接人工標準成本之制定(續)

(二)單位標準耗用之標準工時：決定每單位產品所需之工作時間標準時，係由專家就每一製造程序，以時間與動作研究之方法來測定。該項標準是採用科學方法，合理考量實際情況以後而完成， 故應將與人工有關之不可控制因素(如疲勞之休息時間、生理需要)，及其他不可避免之延遲時間(如機器之裝置及故障時間)等包含在內。此標準一確定後，除非因製造方法或工作時間之變動，否則應持續使用。

三、製造費用標準之制定

製造費用標準分攤率與分批成本制度之預計製造費用分攤率之訂定程序相同。訂定標準分攤率時，各項預算應加以仔細分析，使其所列者，為應有之製造費用與應有之生產量。

(一)計算製造費用標準分攤率時，必須先決定：

1.標準產能。
2.標準產能下之製造費用總額。
3.折算標準產能下分攤基礎。

而上述產能依其運用程度之不同，大略可分為下列幾種，詳細說明如右。

1.理論產能。
2.實質產能。
3.正常產能。
4.預期實際產能。

(二)標準產能下之製造費用總額：標準產能確定後，應編列在該產能下應有之製造費用預算額。製造費用預算所列之總數，包括間接材料、間接人工及其他費用。工廠如劃分部門時，應先按部門別預計，然後將廠務部門費用轉攤於各製造部門。預計製造費用應按性質別區分為固定、半固定及變動三類費用。固定費用須逐項分析是否正確；半固定費用仍須進一步分析，利用各種方法將其劃分為固定及變動部分；而變動費用則是根據生產計畫，決定其最低之需要數。

(三)折算標準產能下分攤基礎：確定標準產能及在此產能下的製造費用總額後，即須折算為直接小時、直接人工成本、機器運轉小時或生產單位數。如採用部門別製造費用分攤率者，並須按製造部門別列計。用正常產能下之製造費用總額除以求得之標準直接人工小時(或其他分攤基礎)，即得標準分攤率，其公式如下：

製造費用標準分攤率
＝正常產能下之製造費用總額÷正常產能下之標準直接人工小時
(或其他標準分攤基礎)

產能類別

產能是指工廠利用設備製造產品之能力，產能運用的程度，稱為產能水準，訂定標準製造費用的因素之一。在不同程度的產能運用下，所發生製造費用總額不同，其分攤率亦因而不同。產能依其運用程度之不同，可約略分為以下幾種：

種類及定義

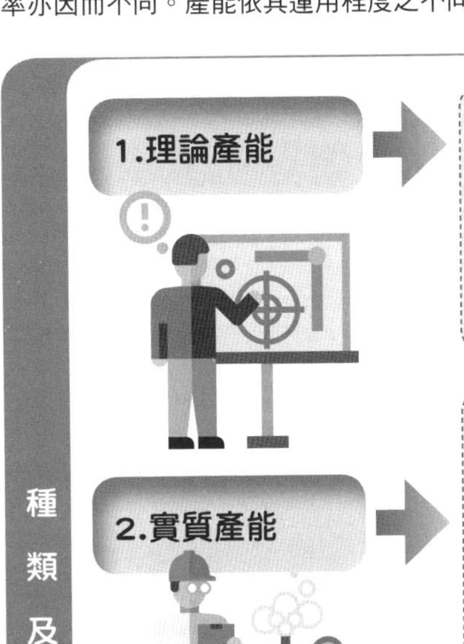

1.理論產能

係假定工廠在任何時間，均以最高效率運作所可達到之產能。因預計所有設備及人員均按最高效率操作，故不允許有任何延誤與中斷，故亦稱為最高產能或理論產能。

2.實質產能

係假定工廠有合理的效率水準運作下所能達到之產能，係最高產能扣除因無可避免之中斷與延誤而損失的產能。可就人工及機器設備兩方面來看，包括因保養修理、機器停頓而發生之延誤，以及員工因休假與例假之停工。其所考慮到使產能減少的因素係就內部影響來看，而並未顧及外部影響。

3.正常產能

亦稱平均產能，係指以工廠長期平均產量為基礎，如採三年平均產量或五年平均產量。此法下之分攤率係就長期平均產量為基礎，故較為穩定。

4.預期實際產能

係配合單一年度所預期的銷貨需求而預計的產能，此法下產生的分攤率時有波動，各期往往不同，故較適用於短程規劃與控制。

各種產能水準之選擇，其範圍甚廣，可包括僅在理想狀況下方能達到之理論產能，或預計次期銷貨而估定之產能，然而這兩種產能卻未盡合理。最能適合於各種用途之產能標準，為一可能達到之最適成果，係因此項成果並不要求設備之完全利用，但必須是人力、物力之有效使用，以及在競爭成本下應有之作業水準。故實質產能最為接近此一目標，並符合標準成本之目的。而正常產能亦有學者主張採用，但因其乃以長期（一個景氣循環）下之平均產能為訂立標準時之依據，故應注意可能包括若干年來之無效率情形。

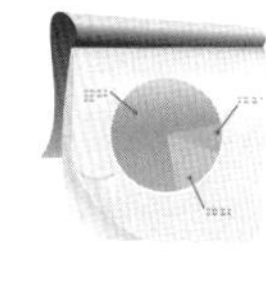

Unit 6-3 標準成本差異之分析(一)

實施標準成本制度的主要目的，是透過標準成本與實際成本之差異，分析該差異發生的原因，以確定責任之歸屬。所謂成本差異是指標準成本與實際成本間的不同，當實際成本高於標準成本時，則該差額對淨利不利，稱為「不利差異」；反之，當實際成本低於標準成本時，則該差額對淨利有利，稱為「有利差異」。

一、直接材料成本差異

直接材料成本差異是指實際材料成本與標準材料成本間之差額，其中可分為「直接材料價格差異」與「直接材料數量差量」。

(一)直接材料價格差異：直接材料之實際價格與所設定之標準價格的差額，即為直接材料價格差異。由於其計算之數量基礎不同，又分為購料價格差異及用料價格差異。計算公式如下：

購料價格差異＝（實際單價－標準單價）×實際購料量
用料價格差異＝（實際單價－標準單價）×實際耗用量

直接材料價格差異若為正數，即表示實際成本高出標準成本，屬不利差異；反之，若為負數，即表示實際成本低於標準成本，屬有利差異。分析材料價格差異為有利或不利，可藉此考核採購部門之績效，並衡量價格增減對公司利潤之影響。

(二)直接材料數量差異：生產時實際耗用與標準耗用之數量差異部分，即為直接材料數量差異。計算公式如下：

直接材料數量差異＝標準單價×（實際用量－標準用量）

二、直接人工成本差異

直接人工成本差異是指實際人工成本與標準人工成本之差額，其中包括工資率差異及人工效率差異。

(一)直接人工工資率差異：標準工資率與實際工資率間之差額，乘上實際工作時間後，即為人工工資率差異。計算公式如下：

直接人工工資率差異＝（實際工資率－標準工資率）×實際工時

(二)直接人工效率差異：為標準工資率乘上實際工時與標準工時間之差額。計算公式如下：

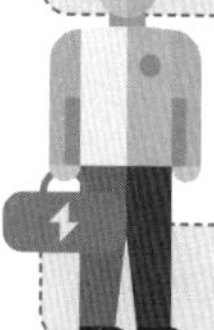

直接人工效率差異＝標準工資率×（實際工時－標準工時）

直接材料差異與直接人工差異

實際價格×實際購量

標準價格×實際購量

→ 購料價格差異

實際價格×實際用量

標準價格×實際用量

標準價格×標準用量

→ 用料價格差異

→ 數量差異

實際工資率×實際工時

標準工資率×實際工時

標準工資率×標準工時

→ 工資率差異

→ 效率差異

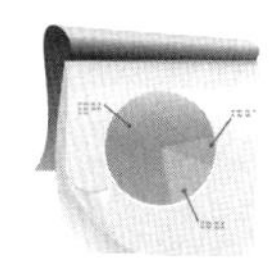

Unit 6-4 標準成本差異之分析(二)

三、製造費用差異

當實際發生之製造費用不等於已分配標準製造費用（即標準工時下之分攤額）時，即發生製造費用差異。

(一)二項差異分析法：

1.預算差異或稱可控制差異：係當期發生之實際製造費用總額，與實際產量應耗之標準製造費用預算額的差額。若其差額為正數時，表示不利差異，記在借方；反之，若差額為負時，表示有利差異，記在貸方。公式如下：

預算差異＝實際製造費用總額－實際產量之標準製造費用預算額
＝實際製造費用－（預計固定製造費用＋標準變動製造費用分攤率×實際產量下之標準工時）

2.數量差異或稱產能差異：是指當期實際產量下應耗標準工時之製造費用預算額，與實際產量下標準製造費用分配額的差額。若此差額為正數時，屬不利差異，記在借方；反之，若為負數時，屬有利差異，記在貸方。公式如下：

數量差異＝實際產量之標準製造費用預算額－攤入產品之標準製造費用分配額
＝（預計固定製造費用＋標準變動製造費用分攤率×實際產量下之標準工時）－（標準製造費用分攤率×實際產量下之標準工時）
＝標準固定製造費用分攤率×（正常產能下之標準工時－實際產量下之標準工時）

(二)三項差異分析法：

1.支出差異或稱費用差異：是指當期實際總製造費用與實際工時下之製造費用預算額之差額。公式如下：

支出差異＝實際製造費用總額－實際工時下之製造費用預算額
＝實際製造費用－（預計固定製造費用＋標準變動製造費用分攤率×實際工時）

2.閒置產能差異：是指未經利用或未有效利用之產能成本。公式如下：

閒置產能差異＝實際工時下之製造費用預算額－實際工時下之分攤額
＝（預計固定製造費用＋標準變動製造費用分攤率×實際工時）－（標準製造費用分攤率×實際工時）
＝標準固定製造費用分攤率×（正常產能下之標準工時－實際工時）

3.效率差異：是指製造費用標準分攤率乘上實際工時與標準工時的差額。公式如下：

> 效率差異＝實際工時下之分攤額－標準工時下之分攤額
> 　　　　＝標準製造費用分攤率×（實際工時－實際產量之標準工時）

製造費用二項分析

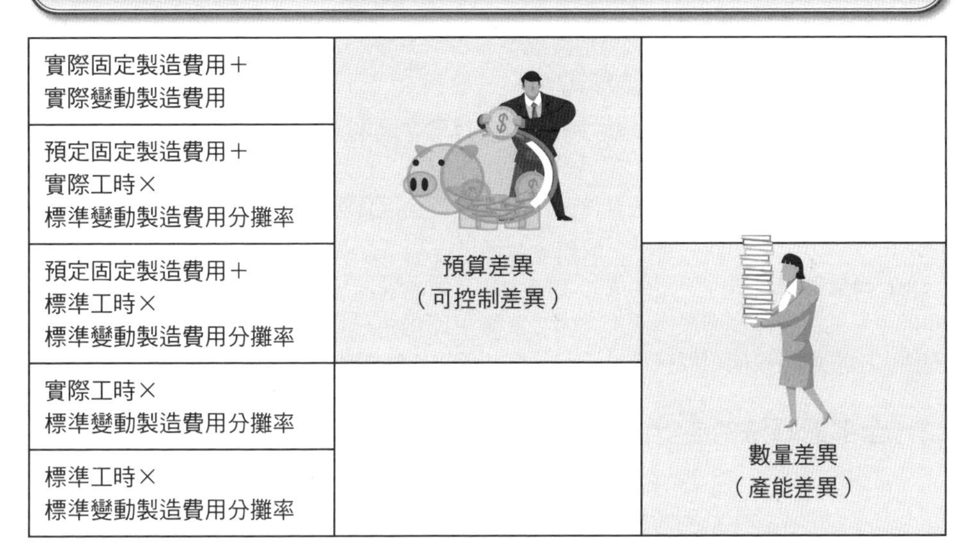

製造費用三項分析

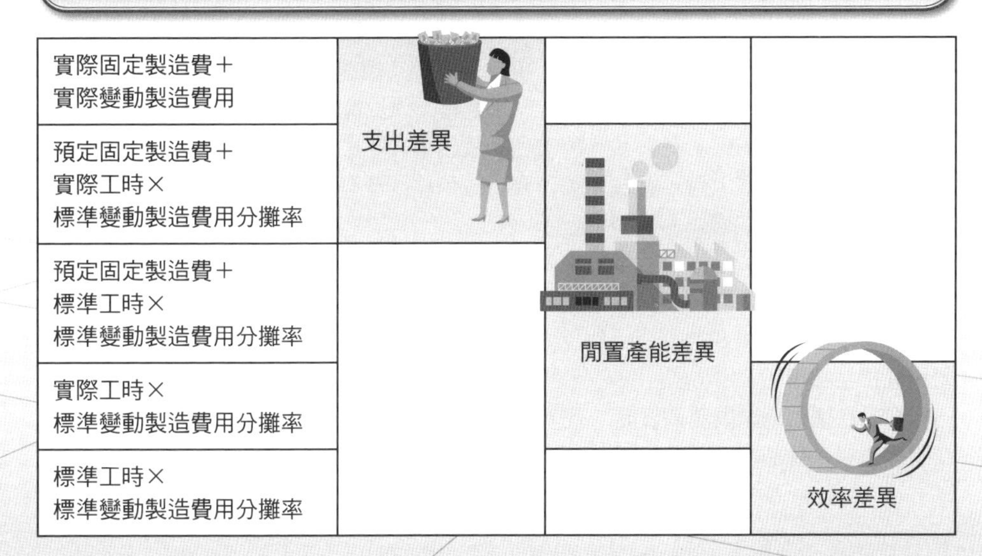

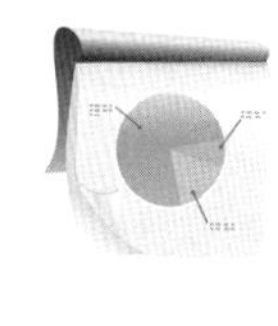

Unit 6-5 標準成本制度之會計處理及標準成本差異處理

採用標準成本之公司，依是否以標準成本入帳分為兩類，其一，並不將標準成本正式入帳，而僅以統計方法將實際發生數與預計標準相比較，然後分析差異之原因，以供管理當局參考；其二，則以標準成本入帳。

一、標準成本入帳之處理方式

至於以標準成本入帳，又依在製品是否以標準成本入帳分為部分記錄法及全部記錄法兩種，茲分述如下：

(一)部分記錄法：又稱差異後記法。其在製品以實際成本入帳，俟產品完成時，再進行成本分析，因缺乏時效，故較少被採用。

(二)全部記錄法：又稱差異先記法。其在製品先以標準成本入帳，同時進行成本分析，一則可發揮標準成本制的功用，二則可簡化帳務處理，亦可增加帳務處理的正確性。由於效果較佳，故經常被採用。以下便以該法說明其會計處理。

二、全部記錄法的會計處理

當實施標準成本制度所產生的各項差異，列記借方者，屬不利差異；列記貸方者，則為有利差異。各項差異帳戶之處理，須依差異之發生原因及處理時機而定。茲就成本差異之處理原則加以歸納如下。

(一)在編製期中財務報表時：對於差異帳戶之餘額有三種可能的處理方法：

1.將差異結轉下期：差異之發生是由於成本的發生或產品本身具有季節性，而其原標準成本係按一營業週期之經常情形制定者，則可將其差異作為遞延項目延至下期，俾與下期發生之差異一併處理。此類差異可能為製造費用之閒置產能差異或支出差異，但不可能是材料差異或人工差異，此差異不須做會計分錄。

2.調整存貨（材料、在製品及製成品）及銷貨成本：如果各差異的發生係因標準制定不正確且金額重大時，應按比例分攤，並依序調整有關的存貨（材料、在製品及製成品）及銷貨成本帳戶。

3.將差異轉入損益帳戶：如果差異的發生係由於可控制的因素，應將差異轉入損益帳戶，編製損益表時列為銷貨毛利的加減項；如果差異的發生係由於不可控制的因素，如遭水災、火災或地震等天然災害，則轉入其他損益項目，編製損益表時，列在營業外損益項下。

(二)在編製期末財務報表時：差異通常不結轉下期，而應調整存貨與銷貨成本，或將差異帳戶餘額轉入損益帳戶（會計處理同上第2項或第3項之處理方式）。

差異帳戶之餘額之處理方法

舉例

期末材料：$718,200
製成品–A 產品：$360,000
銷貨成本：$3,240,000
購料價格差異：$2,394（不利）
材料用料價格差異：$5,106（不利）
材料數量差異：$31,800（不利）
人工工資率差異：$6,600（不利）
人工效率差異：$120,000（不利）
製造費用支出差異：$166,000（不利）
製造費用閒置產能差異：$144,000（不利）
製造費用效率差異：$90,000（不利）
製成品–A 產品：銷貨成本＝1：9

方法	會計分錄		
1. 將差異結轉下期	無會計分錄		
2. 調整存貨（材料、在製品及製成品）及銷貨成本以反映實際成本	分錄：		
	材料	2,394	
	購料價格差異		2,394
	製成品–A 產品	56,351	
	銷貨成本	507,155	
	材料用料價格差異		5,106
	材料數量差異		31,800
	人工工資率差異		6,600
	人工效率差異		120,000
	製造費用支出差異		166,000
	製造費用閒置產能差異		144,000
	製造費用效率差異		90,000
3. 將差異轉入損益帳戶	其他損失	563,506	
	材料用料價格差異		5,106
	材料數量差異		31,800
	人工工資率差異		6,600
	人工效率差異		120,000
	製造費用支出差異		166,000
	製造費用閒置產能差異		144,000
	製造費用效率差異		90,000

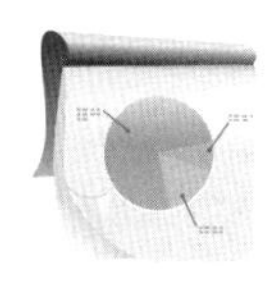

Unit 6-6 績效之歸屬

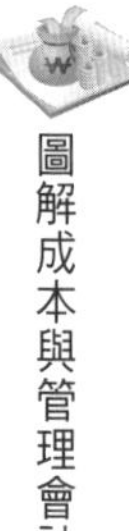

一、直接材料價格差異

1.因採購不當而造成額外費用的增加時，由採購部門負責。

2.因資金缺乏，延遲付款，致未能取得現金折扣，其損失應由財務部門負責。

3.請購太慢或產量突然增加，造成緊急採購，應由請購及相關部門負責。

4.通貨膨脹等外在因素導致材料價格發生變動，此為不可控制之因素，應適時修正標準價格。

二、直接材料數量差異

1.因製造方法改變或所用機器及工具變更致發生材料用量差異，應由工程設計部門負責。

2.因工作疏失，致損壞及廢料超過標準而使用料數量增加時，應由生產部門負責。

3.因材料品質低劣，以致實際用量超過標準時，應由採購部門負責。

4.因機器效能不佳或年久失修，以致材料損耗增加時，應由工程設計部門負責。

三、直接人工工資率差異

1.因工資率變更而產生差異，應修訂工資率標準。

2.因調派較高工資的工人擔任較低級工作而發生之差異，則由生產部門負責。

3.因趕工生產而致使加班工時增加，應由生產計畫部門負責。

四、直接人工效率差異

1.因工人選擇不當，工人流動性大且訓練不足，操作技術低劣，致使工作時間超過標準時間，應由人事部門負責。

2.因工作變動頻繁，工作環境不良，產品變更設計，致使工作效率減低，應由工程設計部門或生產部門負責。

3.因機器工具選擇不當而增加的工作時間，應由工程設計部門負責。

五、製造費用支出差異

1.因物料採購不當所致，則由採購部門負責。

2.因間接人工等級之誤用或物料之誤用所致，則由生產部門負責。

3.其他各項費用之控制，則應由各部門主管負責。

六、製造費用閒置產能差異

1.因停工待料所致，應由生產部門或材料庫或採購部門負責。

2.因機器故障或工具不足所致，應由生產部門負責。
3.因人工短少或訓練不足所致，應由生產部門或人事部門負責。

七、製造費用效率差異

1.因物料浪費所致，應由生產部門負責。
2.因人工工作無效率，應由生產部門負責。
3.因物料或其補助物品不能與產能配合所致，應由生產部門負責。

差異發生之原因

隨機差異

標準成本是一項期望值，也就是在理想的作業情況下，實際發生的成本亦常在此期望值上下變動。因此，只要此項變動介於標準之某一上下限度內，則視為正常現象而不須進行調查。

執行差異

指機器或操作員在執行上有疏失，導致無法達到應可達成的目標。是否採取更正措施，應考量更正所需成本與因更正而降低的成本間關係。若更正所需成本小於因而降低的成本，則應執行該項差異；反之，則不須執行該項差異。

預測差異

指標準成本制度中，標準設定時所產生的差異，因而造成實際成本與標準成本的差異。

衡量差異

會計處理程序因會計人員衡量疏失，導致顯示的績效與真實績效不符。

第6章習題

一、選擇題

( ) 1. 為使所有存貨帳戶在平時以標準成本列示，以為管理者及早發現缺失並採取改進行動，材料價格差異之適當紀錄時間為何？
(A) 材料購入
(B) 材料領用
(C) 產品完工
(D) 產品銷售。

( ) 2. 生產某一產品需要A材料，已知該材料之標準價格為每磅$8，實際購價為每磅$9，另知已購買該材料400磅，使用390磅，按標準計算之使用量為388磅，試問效率差異為：
(A) $16（有利）
(B) $18（不利）
(C) $16（不利）
(D) $18（有利）。

( ) 3. 若多分攤製造費用$500，實際製造費用$15,000，則已分攤製造費用為：
(A) $14,000
(B) $14,500
(C) $15,500
(D) $15,000。

( ) 4. 採預計分攤率分攤製造費用時，產生閒置產能差異的原因為：
(A) 多（或少）分配的固定製造費用
(B) 多（或少）分配的變動製造費用
(C) 預計與實際固定製造費用差異
(D) 預計與實際變動製造費用差異。

( ) 5. 有利的人工效率差異是因為：
(A) 實際產量小於預算產量
(B) 實際產量下之標準工時大於實際工時
(C) 實際工資率低於標準工資率
(D) 實際人工成本低於實際產量下之標準人工成本。

( ) 6. 大諭公司帳列閒置產能有利差異$1,226，支出差異$879（不利），已分攤製造費用$16,234，則實際製造費用為：
(A) $18,379
(B) $16,581
(C) $15,887
(D) $14,089。

( ) 7. 實際發生之製造費用與實際時間下之預算製造費用，兩者間差額所代表之標準成本差異為：
(A) 數量差異
(B) 支出差異
(C) 效率差異
(D) 閒置產能差異。

( ) 8. 標準成本是一種：
(A) 估計成本
(B) 實際成本
(C) 預計成本
(D) 沉沒成本。

( ) 9. 標準成本制度下，當標準成本差異攤入何項時，足以產生與實際或傳統會計方法下相同結果的財務報表：
(A) 在製品及製成品
(B) 銷貨成本及存貨
(C) 銷貨成本
(D) 其他損益科目。

( ) 10. 臺北公司5月分有關直接人工成本資料如下：
標準直接人工時數42,000
實際人工時數40,000
直接人工工資率差異$8,400有利
標準直接人工小時工資率$6.3
試問臺北公司5月分實際直接人工成本總額為何？
(A) $260,000
(B) $265,000
(C) $244,000
(D) $243,600。

二、計算題

1. 文聰公司採用標準成本制度，每單位產品之材料標準用量為3件，本月製造產品

3,000單位，實際用料成本為$18,000，經分析本月發生材料數量差異$2,000（不利），材料價格差異$2,000（有利）。

試求：

(1) 計算每件材料之標準單位價格？

(2) 計算每件材料之實際單位價格？

2. 克漢公司有關人工的實際成本和標準成本資料如下：

標準人工成本1,500小時@$6＝$9,000

實際人工成本1,450小時@$6.50＝9,425

試求：

(1) 人工工資率差異？

(2) 人工效率差異？

3. 明倫工廠8月分直接人工成本之資料如下：

實際工時20,000小時

標準工時21,000小時

直接人工工資率差異$3,000（不利）

實際直接人工成本$126,000

試求：直接人工效率差異？

4. 成大公司標準成本單所列每一件產品的標準成本如下：

直接原料：A 原料2磅@$2	$4
直接人工：每小時$3，每件1小時	$3
製造費用：每小時預計分攤率為	$5

今悉該公司的標準能量為10,000小時，其固定製造費用與變動製造費用的標準成本為3：2，9 月分製成品9,000件，無在製品，所投入成本為：

直接原料：A原料18,500磅@$1.80

直接人工：9,500小時@$3.50

製造費用：固定成本為$30,000，變動成本為$21,000。

試求：

(1) 直接原料的價格差異與數量差異？

(2) 直接人工的工資率差異與效率差異？

(3) 製造費用的支出差異、閒置產能差異及效率差異？

5. 輔仁公司只生產一種產品，其標準與預算資料如下：

直接原料：每單位產品需用3單位原料，標準單價$3，人工每單位產品需用2小時直接人工，工資率$8，變動製造費用每直接人工小時$8，固定製造費用$240,000，正常產能80,000直接人工小時。101年7月分實際產能低於正常產能，而產生下列差異：

直接人工效率差異	$16,000（不利）
直接原料數量差異	6,000（不利）
購料價格差異（每單位$0.05）	5,500（不利）
直接人工工資率差異	7,200（不利）
變動製造費用支出差異	1,000（不利）
變動製造費用效率差異	9,000（不利）
固定製造費用支出差異	2,000（有利）
固定製造費用數量差異	30,000（不利）

試求：

(1) 101 年7 月分實際產量。
(2) 實際購入之原料量。
(3) 實際人工時數及人工成本。
(4) 實際變動製造費用及實際固定製造費用。
(5) 已分配於產品之固定製造費用。
(6) 實際耗料超過標準應耗之原料量。
(7) 實際較標準多耗用之人工時數。

6. 大頭公司之成本會計記錄採標準成本制度，101年度A產品之單位標準成本如下：

材料3公斤@	$10	$ 30
直接人工2小時@	$52.5	105
變動製造費用2小時@	$15	30
固定製造費用2小時@	$5	10
單位總成本	$175	

正常產能每月為2,000直接人工小時。材料、在製品及製成品存貨按標準成本記錄。下列是101年6月分之相關資料：

產量900件	
進料5,000公斤@	$9.75
用料2,800公斤	
直接人工薪資1,740小時@	$57.75
實際製造費用	$43,000

試作：

(1) 採二項差異分析法計算材料及人工差異？（材料差異採第三法處理）
(2) 採三項差異分析法計算製造費用差異？
(3) 編製6月分之相關總分類帳分錄。（差異採第三法處理）

一、選擇題

1.(A) 2.(D) 3.(C) 4.(A) 5.(B) 6.(C) 7.(B) 8.(C) 9.(B) 10.(D)

二、計算題

1. 文聰公司：

實際成本		標準成本
實際價格×實際用量 $1.80*****×10,000 ＝$18,000	標準價格×實際用量 $2×10,000**** ＝$20,000*	標準價格×標準用量 $2***×（3×3,000） ＝$18,000**
材料價格差異 $2,000（有利）	數量差異 $2,000（不利）	

*18,000＋2,000
**20,000－2,000
***18,000÷（3×3,000）
****20,000÷2
*****18,000÷10,000

(1) 材料標準單位價格$2
(2) 材料實際單位價格$1.80

2. 克漢公司：

實際成本		標準成本
實際工資率×實際工時 $6.50×1,450 ＝$9,425	標準工資率×實際工時 $6×1,450 ＝$8,700	標準工資率×標準工時 $6×1,500 ＝$9,000
(1) 工資率差異 $725（不利）	(2) 效率差異 $300（有利）	

3. 明倫工廠：

<table>
<tr><th>實際成本</th><th></th><th>標準成本</th></tr>
<tr><td>實際工資率×實際工時
$6.30×20,000
＝$126,000</td><td>標準工資率×實際工時
$6.15**×20,000
＝$123,000*</td><td>標準工資率×標準工時
$6.15×21,000
＝$129,150</td></tr>
<tr><td colspan="2">工資率差異
$3,000（不利）</td><td colspan="2">效率差異
$6,150（有利）</td></tr>
</table>

*126,000－3,000
**123,000÷20,000

故，直接人工效率有利差異$6,150。

4. 成大公司製造費用每小時預計分攤率為$5，因固定與變動之比為3：2，故固定製造費用每小時預計分攤率為$3，而變動製造費用分攤率為$2。

(1) 固定製造費用預算＝$3×10,000＝$30,000
材料價格差異＝（實際單價－標準單價）×實際用量
＝（$1.80－$2）×18,500
＝$3,700（有利）
材料數量差異＝標準單價×（實際用量－標準用量）
＝$2×（18,500－2×9,000）
＝$1,000（不利）

(2) 人工工資率差異＝（實際工資率－標準工資率）×實際工時
＝（$3.50 －$3）×9,500
＝$4,750（不利）
人工效率差異＝標準工資率×（實際工時－標準工時）
＝$3×（9,500－1×9,000）
＝$1,500（不利）

(3) 製造費用三項差異：
支出差異＝實際製造費用－實際工時下的預算製造費用
＝（$30,000＋$21,000）－（$30,000＋$2×9,500）
＝$2,000（不利）
閒置產能差異＝實際工時下的預算製造費用－實際工時×標準製造費用分攤率
＝（$30,000＋$2×9,500）－（$5×9,500）
＝$1,500（不利）
效率差異＝實際工時×標準製造費用分攤率－攤入產品之標準製造費用
＝（$5×9,500）－（$5×9,000）
＝$2,500（不利）

5. 輔仁公司：

(1) $\$240,000 \div 8,000 = \$3/H$

（$80,000 -$標準小時）$\times \$3 = \$30,000$（不利）

標準小時$= 70,000$

$AQ = 70,000 \div 2 = 35,000$（單位）

(2) $\$5,500 \div 0.05 = 110,000$（單位）

(3) （$AH - 35,000 \times 2$）$\times \$8 = 16,000$

$AH = 72,000$（實際人工時數）

(4) （$AR - 8$）$\times 72,000 = 7,200$

$AR = 8.1$（實際人工每小時成本）

實際人工成本$= 72,000 \times \$8.1 = \$583,200$

$72,000 \times \$8 = \$576,000$

$\$576,000 + 1,000 = \$577,000$（實際變動製造費用）

$\$240,000 - \$2,000 = \$238,000$（實際固定製造費用）

(5) $\$35,000 \times 2H \times$（$\$240,000 \div 80,000H$）$= \$210,000$

(6) （$AQ - 35,000 \times 3$）$\times \$3 = 6,000$

$AQ = 107,000$

$107,000 - 35,000 \times 3 = 2,000$（超耗原料）

(7) （$AH - 35,000 \times 2$）$\times \$8 = \$16,000$

$AH = 72,000$（小時）

$72,000 - 35,000 \times 2 = 2,000$（超耗人工小時）

6. 大頭公司：

(1) 購料價格差異＝（實際單價－標準單價）×實際進料

＝（$\$9.75 - \$10$）$\times 5,000$

＝$\$1,250$（有利）

材料價格差異＝（實際單價－標準單價）×實際用料

＝（$\$9.75 - \$10$）$\times 2,800$

＝$-\$700$（有利）

材料數量差異＝標準單價×（實際用量－標準用量）

＝$\$10 \times$（$2,800 - 3 \times 900$）

＝$\$1,000$（不利）

人工工資率差異＝（實際工資率－標準工資率）×實際工作時間

＝（$\$57.75 - \$52.5$）$\times 1,740$

＝$\$9,135$（不利）

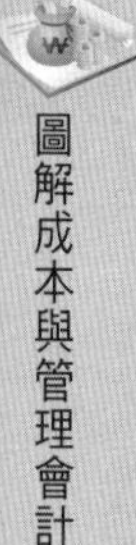

人工效率差異＝標準工資率×（實際工作時間－標準工作時間）
＝$52.5×（1,740－2×900）
＝－$3,150（有利）

(2) 製造費用三項差異：
支出差異＝實際製造費用－實際工時下的預算製造費用
＝$43,000－（$5×2,000＋$15×1,740）
＝$6,900（不利）
閒置產能差異＝實際工時下的預算製造費用－實際工時×標準製造費用分攤率
＝（$5×2,000 ＋$15×1,740）－（$20×1,740）
＝$1,300（不利）
效率差異＝實際工時×標準製造費用分攤率－攤入產品之標準製造費用
＝$20×（1,740－2×9,00）
＝－$1,200（有利）

(3) 會計處理：

購料之會計處理

科目	借	貸
材料	50,000	
購料價格差異		1,250
現金（應付帳款）		48,750

領料之會計處理

科目	借	貸
購料價格差異	700	
用料價格差異		700
在製品－A 產品	27,000	
材料數量差異	1,000	
材料		28,000

支付薪資之會計處理

科目	借	貸
員工薪資－工廠	100,485	
現金（應付薪資）		100,485

耗用直接人工之會計處理

科目	借	貸
在製品－A 產品	94,500	
人工薪資率差異	9,135	
人工效率差異		3,150
員工薪資－工廠		100,485

支付相關製造費用之會計處理

製造費用	43,000	
現金（各項應付帳款）		43,000

按標準分攤率分攤製造費用之會計處理

在製品－A產品	36,000	
已分攤製造費用		36,000

成本習性與估計

章節體系架構 

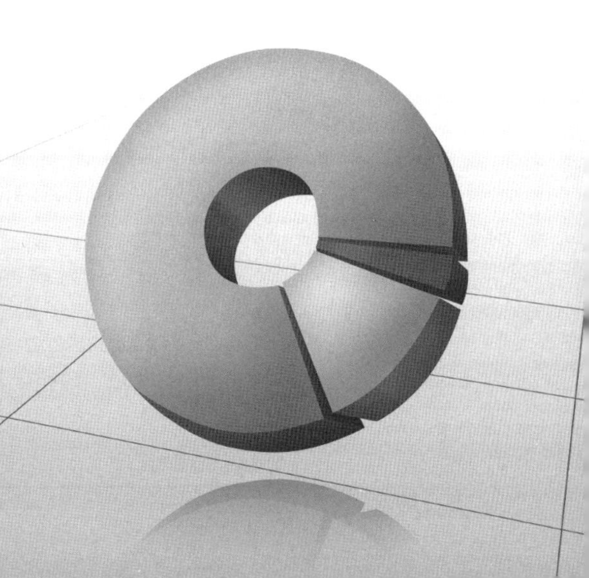

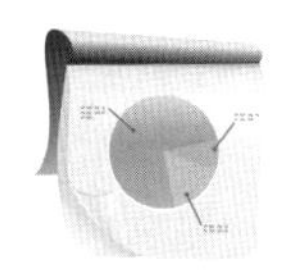

Unit 7-1 成本習性的類別及成本函數的估計(一)

本章一開始先將成本習性予以區分，再進一步對於成本習性決定方法進行討論。

一、成本習性的類別

成本習性可分為變動成本（variable cost）與固定成本（fixed cost）兩種。所謂的變動成本係指成本總額會隨成本動因之變化而呈等比例變化之成本。若組裝一臺桌上型電腦，螢幕單價為$5,000，因此螢幕的總成本等於$5,000乘上所組裝的電腦數目；固定成本係指成本總額不會隨成本動因之變化而有任何變動之成本。例如，用於組裝桌上型電腦的廠房，每月的租金及保險費$500,000。

談到成本習性時，一定要將攸關範圍納入考量，攸關範圍（relevant range）代表成本動因的變動區間，在這個區間內，成本與成本動因間之特定關係維持不變。而固定成本只有在成本動因的某一個攸關範圍內才會維持固定。如前述組裝桌上型電腦的例子，廠房每月的租金及保險費為$500,000，最多可生產1,000臺桌上型電腦，若要再多生產1,000臺，則必須再租新廠房，共需租金及保險費$1,000,000，再生產下個1,000臺時，則總租金及保險費更升為$1,500,000。

二、成本函數的估計

成本函數是一種數學函數，其描述成本習性的模型，亦即成本如何隨著成本動因而改變。成本函數可透過自變數（成本動因）及應變數（成本總額）表達出來，當我們要估計成本函數時，應依照下列步驟執行：

(一)選擇應變數：應變數的選擇需視估計成本函數的目的而定。例如，若目的在決定某工廠的間接製造成本，則應變數應包括此工廠發生的所有間接成本。

(二)選擇自變數：選擇的自變數（即成本動因）必須能夠與應變數（即所欲估計的成本）合理的互相配合，而且能精確估計。原則上，包括在應變數中的所有個別成本項目應該能以同一個成本動因為分攤基礎；若不能，則應分為不同的成本函數加以估計。

例如，某工廠中機器設備的維修費及保險費與員工的意外保險費及健康補助費應以不同的成本函數加以估計，前兩者應以機器小時為成本動因，而後兩者則以人工小時為成本動因加以估計如下：

應變數	自變數
機器設備維修費	機器小時
機器設備保險費	
員工意外保險費	人工小時
員工健康補助費	

區分變動成本與固定成本的基本假設

1. 成本被區分為變動或固定成本，必須是對特定之成本標的而言。
2. 必須在某特定期間。如上述組裝筆記型電腦廠房租金及保險費$500,000，是以一個月而言。
3. 總成本為線性。若以繪圖表示，總成本對成本動因之關係為一條不中斷之直線。
4. 單一成本動因。其他可能影響總成本之原因將視為不重要或加以控制。
5. 成本動因是在某一攸關範圍內變動。

估計成本函數的重要假設

1. 由單一自變數解釋應變數，亦即由一個成本動因來解釋成本總額的變動。
2. 在成本動因的攸關範圍內，成本函數趨近於線性成本函數。

基本的成本函數

固定成本

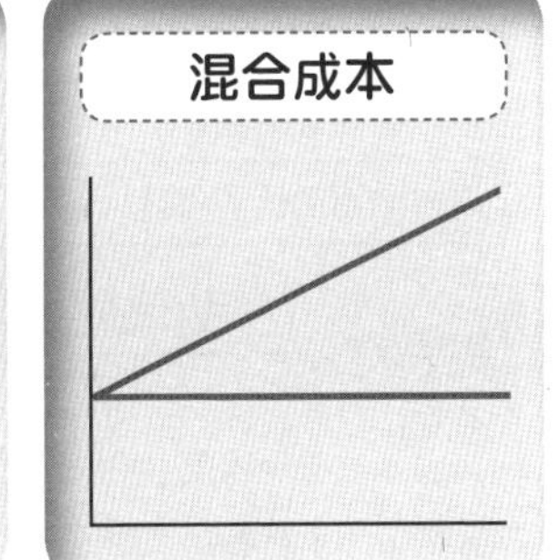

估計成本函數的五步驟

1. 選擇應變數
2. 選擇自變數
3. 蒐集資料
4. 繪製資料圖
5. 估計成本函數

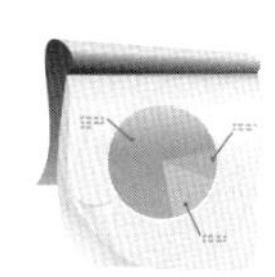

Unit 7-2 成本習性的類別及成本函數的估計(二)

二、成本函數的估計（續）

(三)蒐集資料：應變數及自變數的資料取得，有賴於與管理者溝通和長時間的觀察，以獲得系統及精確的數字。例如，上述關於工廠中每月員工的意外保險費與健康補助費（應變數）及人工小時（自變數）資料，茲說明如右頁上表。

(四)繪製資料圖：此為估計成本函數之重要步驟，通常可觀察出應變數與自變數的一般關係，並看出是否有異常值存在，可進一步分析其發生原因，請參右頁下表的間接人工成本與人工小時散布圖。

(五)估計成本函數：線性成本函數可表達成$y=a+bx$，其中y為應變數，x為自變數。估計成本函數可利用高低點法或迴歸分析法，將於下一段加以介紹。

三、成本函數估計方式

成本函數估計方式主要分為高低點法以及迴歸分析法兩種，分述如下。

(一)高低點法（High-Low Method）：此法為較簡單的方法，只需考慮攸關範圍內觀察值的最大值及最小值，將高低點連接成直線，即為估計的成本函數$y=a+bx$。承前例，高低點分別為：

	成本動因：人工小時	間接人工成本
成本動因最高觀察值：8月	7,500	$77,000
成本動因最低觀察值：1月	2,500	55,000

$$斜率係數b=\frac{成本動因最高和最低觀察值相關成本間之差異}{成本動因最高和最低觀察值之差異}$$

$$=\$22,000\div 5,000=\$4.4每人工小時$$

常數 $a=y-bx$

$=\$77,000-（\$4.4\times 7,500）$

或 $\$55,000-（\$4.4\times 2,500）$

$=\$44,000$

因此，高低點法下的成本函數為$y=\$44,000+\$4.4x$

(二)迴歸分析法（Regression Analysis Method）：迴歸分析法為統計方法，以衡量應變數與單一自變數之間的關係（簡單迴歸分析）或應變數與一個以上自變數之間的關係（多元迴歸分析）。一般電腦軟體程式（例如，SPSS、SAS、Lotus及Excel）均可計算出迴歸方程式。

前述間接人工成本的例子，經由電腦軟體程式進行迴歸分析後，可得到成本函數為$y=\$48,271+\$3.93x$。

員工意外保險費與健康補助費及人工小時資料

月分	人工小時	間接人工成本	月分	人工小時	間接人工成本
1月	2,500	$55,000	7月	6,500	74,000
2月	2,700	59,000	8月	7,500	77,000
3月	3,000	60,000	9月	7,000	75,000
4月	4,200	64,000	10月	4,500	68,000
5月	4,500	67,000	11月	3,100	62,000
6月	5,500	71,000	12月	6,500	73,000
總人工小時數合計數57,500小時　間接人工成本合計數$805,000					

資料圖之繪製

間接人工成本與人工小時散布圖

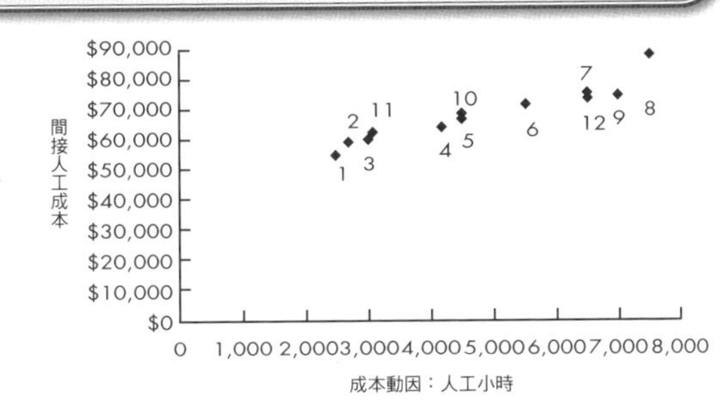

成本函數估計方式

1.高低點法下之間接人工成本與人工小時

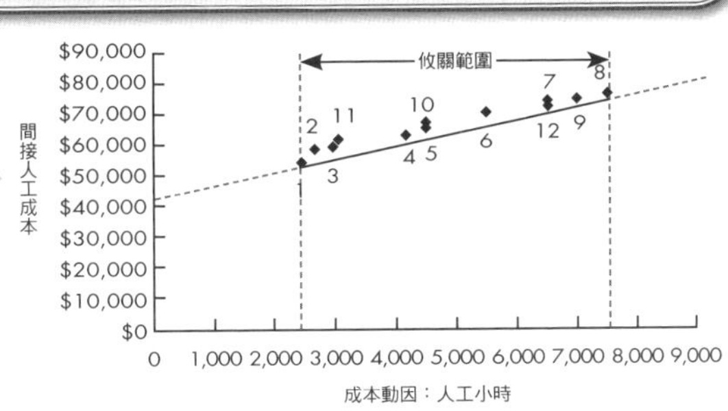

2.迴歸分析法下之間接人工成本與人工小時

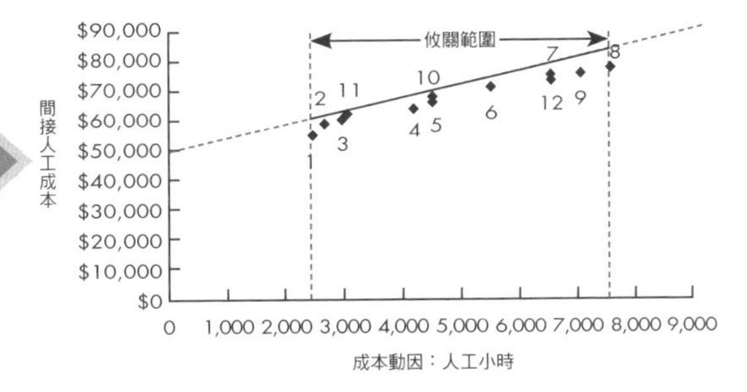

第7章習題

一、選擇題

請以下列資料回答1至3題。

大發公司租用一項機器，計算平均每小時租金如下：

	機器使用時數	平均每小時租金成本
第一年	5,000	$15
第二年	7,500	12.5

( ) 1. 大發公司租用機器之變動租金成本每小時多少？
(A) $7.5
(B) $8
(C) $6.5
(D) $9。

( ) 2.大發公司租用機器每期支出固定成本為多少？
(A) $40,000
(B) $25,000
(C) $37,500
(D) $18,000。

( ) 3. 大發公司預計三年將使用15,000 小時，租金總成本為多少？
(A) $200,000
(B) $180,000
(C) $190,000
(D) $150,000。

請以下列資料回答4、5 題。

阿發公司2013年4月分及5月分各銷售產品400單位及500單位，銷貨收入及銷貨成本分別如下：

	4月分	5月分
銷貨收入	$16,000	$20,000
銷貨成本	10,000	12,000
銷貨毛利	$ 6,000	$ 8,000

(　) 4. 阿發公司每單位產品變動成本為多少？
(A) $25
(B) $30
(C) $20
(D) $35。

(　) 5. 阿發公司之固定成本為多少？
(A) $2,500
(B) $3,000
(C) $2,000
(D) $1,500。

請以下列資料回答6、7題。

九大公司每月支付固定薪資給業務員，並按銷貨特定比例額外給付獎金，2010年7、8月分相關資料如下：

	銷貨收入	薪資及獎金
7月	$80,000	$8,000
8月	60,000	6,500

(　) 6. 九大公司支付獎金的百分比為多少？
(A) 6.0%
(B) 6.5%
(C) 7.0%
(D) 7.5%。

(　) 7. 九大公司每月支付的固定薪資為多少？
(A) $1,000
(B) $2,000
(C) $2,500
(D) $3,000。

請以下列資料回答8至10題。

大大公司2011年及2012年之產量及製造費用如下：

	產量製造	費用總額
2011 年	80,000 單位	$500,000
2012 年	60,000 單位	400,000

( ) 8. 大大公司產品每單位變動成本為多少？
(A) $3
(B) $4
(C) $5
(D) $6。

( ) 9. 大大公司固定製造費用為多少？
(A) $50,000
(B) $60,000
(C) $90,000
(D) $100,000。

( ) 10. 假設大大公司預計2013年將生產100,000單位，則總製造費用應為多少？
(A) $600,000
(B) $650,000
(C) $700,000
(D) $750,000。

二、問答與練習題

1. 成功公司採用實際的成本會計制度，2011年度及2012年度損益表如下：

	2011 年度	2012 年度
銷貨收入：每單位$40	$400,000	$320,000
銷貨成本	280,000	236,000
銷貨毛利	$120,000	$ 84,000
減：銷管費用	84,000	80,000
營業淨利	$ 36,000	$ 4,000

其他資料如下：
銷貨佣金按銷貨額5%計算外，其他銷管費用均屬固定性質。
2012年的製造成本均未超出預算限額，此項預算限額係根據2011年預算而來。
2012年度期初及期末存貨並無改變。

試求：
(1) 每單位產品之變動成本。
(2) 每年固定製造成本。
(3) 每單位產品之變動銷管費用。

2. 大勝公司2011年新生產線有下列資料：

每單位產品售價$30
每單位產品變動製造成本$16
每年固定製造費用$50,000
變動銷管費用按每單位銷貨量支付$6
每年固定銷管費用$30,000
2011年並無期初及期末存貨，當年度產銷12,500單位

試求：
(1) 編製功能式損益表。
(2) 編製貢獻式損益表

3. 大呈公司推出新產品，每單位售價為$12，預計生產100,000單位，其生產成本如下：

直接原料　　$100,000
直接人工（每小時$8）　　80,000

新產品之製造費用尚未估計，但根據過去兩年期間之記錄分析，獲得下列資料，可作為預計新產品製造費用之依據：
每期固定製造費用$80,000
變動製造費用：按直接人工每小時$4.20計算試求：
(1) 假定直接人工時數為20,000小時，請計算在此一營運水準之下製造費用總額。
(2) 假定某期間產銷新產品100,000單位，請計算其邊際貢獻總額及每單位產品之邊際貢獻。

4. 臺北公司生產某產品，每年正常產銷量為50,000至100,000單位。下列為正常產銷水準下，為完成產銷成本總額及單位成本報告表：

產銷數量	50,000	80,000	100,000
變動成本總額	$24,000	?	?
固定成本總額	$42,000	?	?
總成本	$66,000	?	?
單位成本			
變動成本	?	?	?
固定成本	?	?	?
每單位成本合計	?	?	?

試求：請完成上表空白部分。

第7章解答

一、選擇題

1. (A) 2. (C) 3. (D) 4. (C) 5. (C) 6. (D) 7. (C) 8. (C) 9. (D) 10. (A)

二、問答與練習題

1. 兩年度製造成本差異＝\$280,000－\$236,000＝\$44,000
   兩年度產量差異＝10,000單位－8,000單位＝2,000單位
   每單位變動製造成本＝\$44,000÷2,000＝\$22 -------- (1)
   a＋bx＝y
   a＋\$22×10,000＝\$280,000
   a＝\$60,000（每年固定製造成本）-------- (2)
   \$400,000×5%＝\$20,000
   \$20,000÷10,000＝\$2 -------- (3)

2. (1) 功能式損益表：

大勝公司2011年度損益表	
銷貨收入	\$375,000
減：銷貨成本：\$16×12,500＋\$50,000	(250,000)
銷貨毛利	\$125,000
減：營業費用：	
銷管費用：\$6×12,500＋\$30,000	(105,000)
營業淨利	\$ 20,000

(2) 貢獻式損益表：

大勝公司2011年度損益表		
銷貨收入		$375,000
減：變動成本：		
製造成本：$16×12,500	$200,000	
銷管費用：$6×12,500	75,000	(275,000)
邊際貢獻		$100,000
減：固定成本：		
製造費用	$50,000	
銷管費用	30,000	(80,000)
營業淨利		$ 20,000

3. (1)

	直接人工20,000小時（產品：200,000單位）
製造費用總額：	
變動製造費用：$4.20×20,000	$ 84,000
固定製造費用	80,000
合　　計	$164,000

(2)

	銷貨量：100,000單位（直接人工時數：10,000小時）
銷貨收入：$12×100,000	$1,200,000
減：變動成本：	
直接原料：$1×100,000	$100,000
直接人工：$8×10,000	80,000
製造費用：$4.20×10,000	42,000
變動成本合計	$222,000
邊際貢獻（總額）	$978,000
每單位邊際貢獻：	$9.78

4.

產銷數量	50,000	80,000	100,000
變動成本總額	$24,000	$38,400	$48,000
固定成本總額	$42,000	$42,000	$42,000
總成本	$66,000	$80,400	$90,000
單位成本			
變動成本	$0.480	$0.480	$0.480
固定成本	$0.840	$0.525	$0.420
每單位成本合計	$1.320	$1.005	$0.900

第8章

成本—數量—利潤分析

章節體系架構 

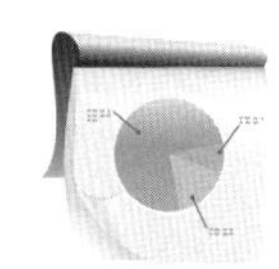

Unit 8-1 成本—數量—利潤分析之意義

我們將以下例說明如何使用成本—數量—利潤分析（又稱CVP分析）。

一、成本—數量—利潤分析釋例

大方出版社計畫於國際書展中出售《如何一天記憶1,000個英文單字》這本書，每本售價300元，而書的單位成本為150元，此出版社已支付給主辦單位30,000元作為攤位租金，假設並無其他成本存在，此出版社在不同銷售量下的利潤分別為何？

解答

因為攤位的租金$30,000不會隨著出售書的數量多寡而改變，所以是固定成本；而每本書的成本則隨著出售的多寡而不同，因此是變動成本。簡言之，每出售1本書，出版社就必須多花$150進貨，如果出售了10本，變動成本即為$1,500。

我們以下表來計算大方出版社在不同的銷售單位下的營業利益。

不同的銷售單位下的營業利益

銷售單位 / 營業利益計算	書本出售數			
	0	100	200	400
收入 (@$300)	$0	$30,000	$60,000	$120,000
變動成本 (@$150)	0	15,000	30,000	60,000
邊際貢獻 (@$150)	0	15,000	30,000	60,000
固定成本	30,000	30,000	30,000	30,000
營業利益	$ (30,000)	$ (15,000)	$0	$30,000

由上表可知，當沒有任何銷售量時，營業淨損為$30,000，等於大方公司的固定成本；當銷售量達到200本時，營業淨利剛好等於0，此時這200本就是我們在下一節會談到的「損益兩平點」。此外，當銷售量超過200本時，大方出版社就會產生正的營業利益。

二、出售數量影響收入與變動成本

會隨著出售數量的改變而改變的，只有收入和變動成本而已。而收入減去變動成本之差稱為邊際貢獻，也可說是對固定成本及利潤的貢獻。邊際貢獻不論在管理或是決策上都是相當有用及重要的，若某項產品的邊際貢獻低於其售價，則此產品就不值得生產及銷售。例如一本書的變動成本為$150，若售價低於$150，則生產這本書毫無利潤可言，故不應生產。

成本—數量—利潤分析的基本假設

成本—數量—利潤分析的基本假設

假設 1  假設計算損益時，採用變動成本法。

假設 2  可明確區分總成本為固定成本及變動成本。

假設 3  收益與成本僅隨著生產和銷售的產品（或勞務）數量的改變而改變。

假設 4  在攸關範圍內，總收入及總成本與產出單位的關係成線性。

假設 5  在任何數量下，單位售價、單位變動成本與固定成本在攸關範圍內皆保持不變。

假設 6  本分析適用單一產品；或是在多種產品下，既定之銷售組合維持不變。

假設 7  不用考慮貨幣之時間價值。

在現實生活上，以上假設難以存在，但透過CVP分析有助於成本習性的瞭解，以及在不同產出下，收入與成本間的相互關係。同時，運用CVP之思考方式，可在變動成本、固定成本、售價、產品銷售組合上求得最佳組合，確保公司達成其利潤目標。

知識補充站

成本—數量—利潤分析，又稱CVP（Cost-Volume-Profit）分析，為會計預測、決策和規劃提供必要的財務資訊的一種技術方法，亦是研究企業在變動成本法的基礎上，一定期間內的成本、業務量與利潤三者依存關係分析，並以數量化的會計模型和圖形來揭示固定成本、變動成本、銷售量、銷售單價、銷售收入、利潤等變數之間的內在規律性連結。

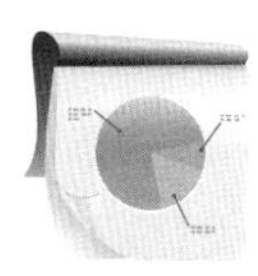

Unit 8-2
損益兩平點(一)

損益兩平點是指當總收入等於總成本時之產出數量，在損益兩平點時，營業利益為零。損益兩平點之所以受管理當局重視，是因為管理者想避免營業損失，而損益兩平點正可以告訴他們必須要使銷售維持在某個特定水準，否則就會發生損失。 以下我們將介紹三種方法：方程式法、圖解法、邊際貢獻法來計算損益兩平點。

一、方程式法

我們可將損益表以下列方程式表達：

總收入－變動成本－固定成本＝營業利益

細分為：

（單位售價×銷售數量）－（單位變動成本×銷售數量）－固定成本＝營業利益

將銷售數量提出：

銷售數量×（單位售價－單位變動成本）－固定成本＝營業利益

因為在損益兩平點時，利潤為0，故，銷售數量×（單位售價－單位變動成本）＝固定成本，移項後求得：

$$\text{損益兩平點銷售數量}=\frac{\text{固定成本}}{\text{單位售價}-\text{單位變動成本}}$$

因此，我們由方程式法，求得損益兩平點銷售數量等於固定成本除以（單位售價－單位變動成本）。

釋例

以前述大方出版社為例，令損益兩平點銷售量為BEQ，則使用方程式法計算出的損益兩平點銷售量如下：

（$300×BEQ）－（$150×BEQ）－$30,000＝0

解得BEQ為200本

由此結果可知，當大方出版社出售200本書時，總收入為$60,000，總成本為總變動成本$30,000加上$30,000固定成本，也是$60,000時，是不賺不賠的情況，此時的銷售數量200，即為損益兩平點。

二、邊際貢獻法

邊際貢獻法類似於方程式法，由上一節我們知道每單位邊際貢獻等於（單位售價－單位變動成本），故由上述方程式法，可寫成另一種形式：

$$損益兩平點銷售數量=\frac{固定成本}{單位邊際貢獻}$$

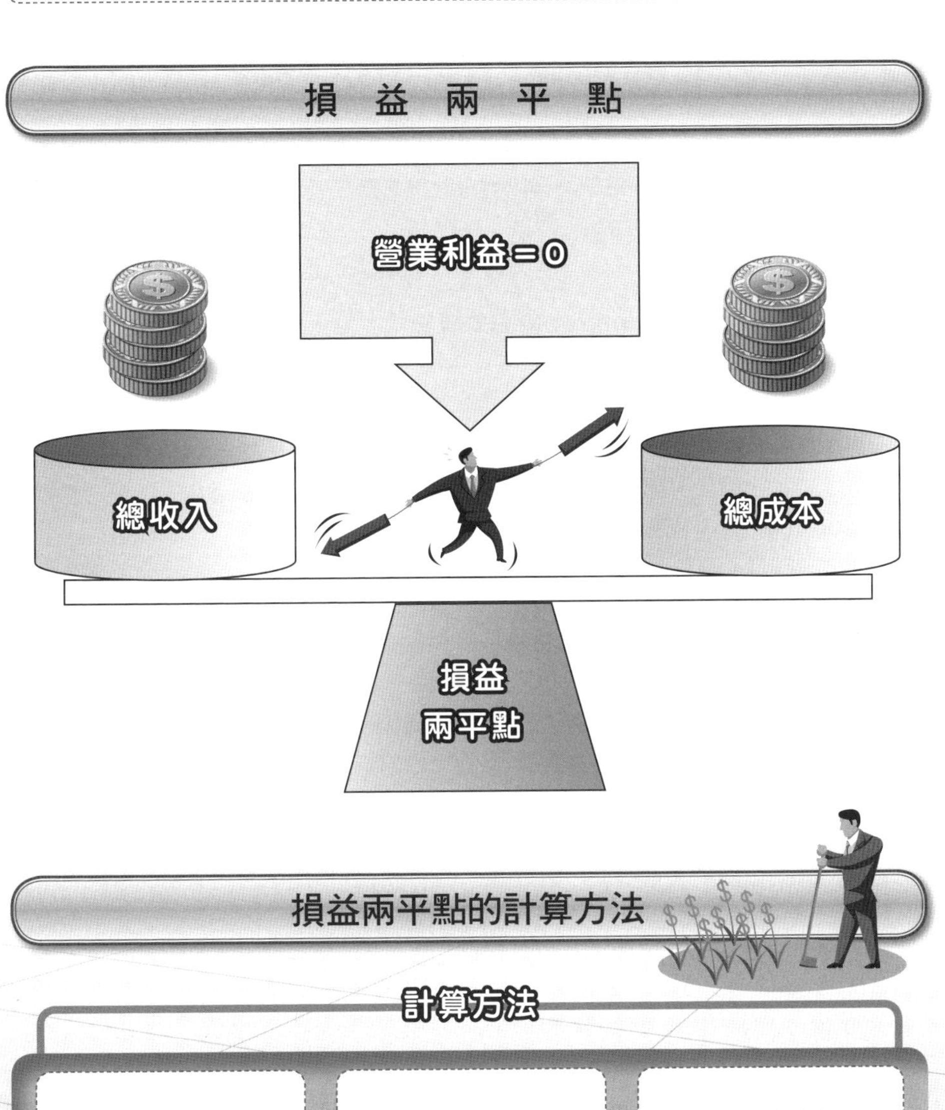

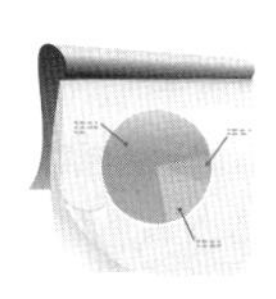

Unit 8-3 損益兩平點(二)

二、邊際貢獻法（續）

以大方出版社的資料帶入：

BEQ＝$30,000÷（$300－$150）＝200本

另外，我們也可將此等式運用邊際貢獻率來做計算，以求得損益兩平點之銷售金額。所謂邊際貢獻率，是將每單位邊際貢獻除以售價，表示每一塊錢銷售金額所產生的邊際貢獻，因此，我們可得另一等式：

$$損益兩平點銷售金額=\frac{固定成本}{邊際貢獻率}$$

以大方出版社的資料帶入：

邊際貢獻率＝$150÷$300＝50%，損益兩平點銷售金額＝$30,000÷50%＝$60,000，亦即，當大方出版社之銷售金額達$60,000時，可達損益兩平；同時當銷售金額為$60,000時，淨利為0。

三、圖解法

圖解法是將總成本線與總收益線繪於同一座標圖上，這兩條線的交會點即為損益兩平點。同樣的，我們使用上述大方出版社的例子來說明此法的運用。

(一)總收入線：總收入等於單位售價乘上銷售數量，當銷售量為0時，總收入為0；當銷售數量增加時，總收入亦等比例增加，故總收入線為一通過原點、斜率為正的直線。

(二)變動成本線：變動成本為單位變動成本乘上銷售數量，當銷售量為0時，變動成本亦為0，但隨銷售量增加，銷貨成本亦呈等比例增加，因此變動成本線與總收入線一樣，都是一條通過原點、斜率為正的直線。

(三)固定成本線：固定成本在攸關範圍內並不會隨著銷售量的改變而改變，因此為一條水平線。

(四)總成本線：總成本等於變動成本加上固定成本，因此將變動成本線與固定成本線垂直加總就可以得到總成本線。

由右上圖，我們可以看出，總成本線與總收入線相交於A點，對應的數量與金額分別為200及$60,000，分別是損益兩平點銷售數量與損益兩平點銷售金額。在A左方的區塊為損失區（因為總成本大於總收入）；在A右方的區塊則為利潤區，亦即當售出數量大於200單位時，總收入大於總成本，才會發生營業淨利。

圖解損益兩平點

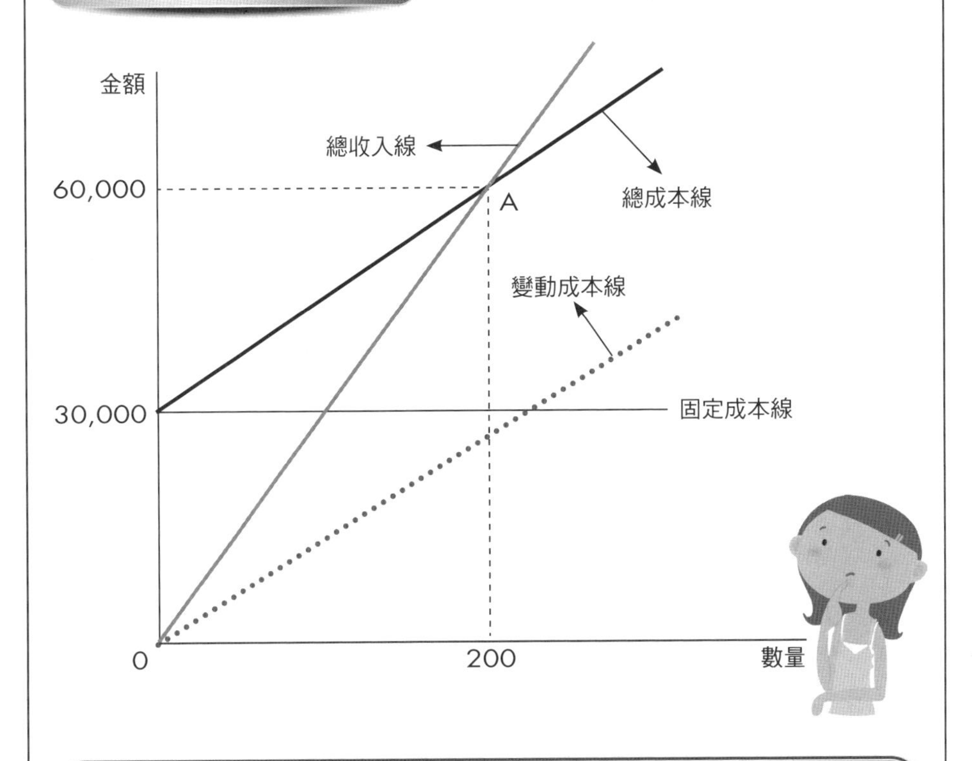

計算損益兩平點之相關收入成本

1. 總收入線
2. 變動成本線
3. 固定成本線
4. 總成本線

圖解法

Unit 8-4 目標利潤

上文所述的損益兩平點是指當淨利為零時，應出售幾單位的商品，但是公司在經營的過程中，考量的往往不僅是達到損益兩平點，而是進一步賺取特定的利潤，因此，倘若今天管理當局想要賺取特定的利潤時，計算應銷售的單位數就與前面的計算方式有所不同，以大方出版社為例，若管理當局想要賺取稅前利潤$12,000，則公司應該銷售幾本書才能達到目標利潤呢？

我們以損益兩平點單元所列的方程式法及邊際貢獻法敘述目標利潤之計算。

一、目標利潤下的方程式法

由前文損益兩平點可知：

銷售數量×（單位售價－單位變動成本）－固定成本＝營業利益

前文在計算損益兩平點時，假設營業利益為0，而現在管理者想賺取$12,000的淨利，僅需將營業利益以$12,000帶入即可，計算如下：

$$Q\times(300-150)-30{,}000=12{,}000$$
$$Q=280\text{（本）}$$

故採方程式法之下，大方出版社需出售280本書才能達到$12,000的利潤。

二、目標利潤下的邊際貢獻法

由前文損益兩平點邊際貢獻法之等式：

$$\text{損益兩平點銷售數量}=\frac{\text{固定成本}}{\text{單位邊際貢獻}}$$

在有目標利潤之下，等式將變為：

$$\text{銷售數量}=\frac{\text{固定成本}+\text{目標利潤}}{\text{單位邊際貢獻}}$$

將大方出版社的例子帶入：

$$Q=(30{,}000+12{,}000)\div150=280\text{（本）}$$

由上述兩法的計算得知，不論是採用方程式法或是邊際貢獻法，大方出版社若要達到$12,000的利潤，皆需出售280本書。

計算方式

邊際貢獻法

$$損益兩平點銷售數量 = \frac{固定成本}{單位邊際貢獻}$$

$$目標利潤下之銷售數量 = \frac{固定成本 + 目標利潤}{單位邊際貢獻}$$

$$損益兩平點銷售金額 = \frac{固定成本}{邊際貢獻率}$$

目標利潤下之銷貨金額

$$1.稅前 = \frac{固定成本 + 稅前淨利}{邊際貢獻率}$$

$$2.稅後 = \frac{固定成本 + \frac{稅後淨利}{1 - 稅率}}{邊際貢獻率}$$

方程式法

$$損益兩平點銷售數量 = \frac{固定成本}{單位售價 - 單位變動成本}$$

圖解法

由總收入線、變動成本線、固定成本線、總成本線所組成。

Unit 8-5
CVP分析之應用

CVP分析的用途廣泛，其可協助管理者在不同方案下作抉擇，同時可能會先運用敏感性分析。

一、敏感性分析之運用

所謂敏感性分析是運用「如果……則……」的技術。例如，當博物館門票的售價增加10%時，對博物館淨利的影響為何？當單位變動成本增加10%時，對飲料店的營業利益又為何？我們由表8-1可看出當售價、變動成本、固定成本變動時，對損益兩平點產生的影響。

假設大方出版社出版的《如何一天記憶1,000個英文單字》可以有以下三種不同的定價，分別是\$300、\$350、\$400，且假設售價不影響銷售量，由表8-1可看出當銷售400本時，不同售價所產生的利潤，以及在不同售價下的損益兩平銷售數量。當其他條件不變之下，單位售價愈高，則邊際貢獻愈高，損益兩平點銷售量就愈低。使用同樣的方法，我們可推知當變動成本、固定成本改變時，對損益兩平點所造成的影響，這就是所謂的敏感性分析。表8-2彙總當售價、變動成本、固定成本變化時，對損益兩平點所產生的影響。

二、CVP分析可協助管理者做選擇

除了敏感性分析外，在不同的成本結構下，CVP分析仍可協助管理者做選擇。以前述大方出版社為例，若主辦單位所要求的場地租金是依：1.固定的、2.變動的，以及3.部分固定加部分變動，CVP分析仍可協助管理者做決策。

若主辦單位提供三種租金方案供大方出版社選擇：

方案一：固定費用\$30,000。

方案二：固定費用\$12,000及大方出版社於書展中收入的15%。

方案三：大方出版社於書展中收入的25%，但無固定費用。

假設大方出版社預期可銷售400本，則在三種方案下之利益列於表8-3，方案一正是一開始所提的例子；在方案二下，單位售價同樣為\$300，但變動成本除了進貨的\$150之外，還必須加上變動的租金費用，因此，每單位變動成本變為\$150＋\$300×15%＝\$195，故每單位邊際貢獻為\$300－\$195＝\$105；在方案三之下，單位變動成本則為\$150＋\$300×25%＝\$225，故每單位邊際貢獻為\$300－\$225＝\$75。

由表8-3可看出，在銷售量為400本時，不論任一方案下的利潤都是相同的。然而若銷售量並非為400本時，則CVP分析強調出每一方案下之不同風險與報酬之關係。方案一最具風險，因為具較高的固定租金；方案三的風險則較小，因為租金完全依照銷貨收入。舉例來說，若是預期銷售量為250本時，方案一下之淨利為\$7,500；方案二下之淨利為\$14,200；方案三下之淨利為\$18,750。

表8-1 銷售價格不同時的損益兩平點

項目售價	$ 300	$ 350	$ 400
銷貨收入	120,000	140,000	160,000
變動成本	45,000	52,500	60,000
邊際貢獻	75,000	87,500	100,000
固定成本	30,000	30,000	30,000
利潤	45,000	57,500	70,000
損益兩平點銷售量	200本	150本	120本

表8-2 各因素變動之影響

各因素之變動		損益兩平之影響
固定成本	上升	上升
	下降	下降
變動成本	上升	上升
	下降	下降
售　　價	上升	下降
	下降	上升

表8-3 三種方案下之利益

	方案一	方案二	方案三
單位邊際貢獻	$150	$105	$75
邊際貢獻（單位邊際貢獻×400）	$60,000	$42,000	$30,000
營業利益（邊際貢獻－固定成本）	$30,000	$30,000	$30,000
營業槓桿度（邊際貢獻÷營業利益）	2	1.4	1

結論：營業槓桿愈大者，風險亦愈高

營業槓桿等於邊際貢獻÷營業利益，它表達出當銷售單位改變，使營業利益和邊際貢獻發生改變時，固定成本所具有的影響力。對固定成本比例相當高的組織而言（如同方案一）， 具有較高的營業槓桿。在此種情況下，即使銷售發生很小的變化，亦會對營業利益帶來很大的影響。換句話說，當銷售增加時，營業利益呈現更大幅度的上升；反之，當銷售降低時，營業利益亦呈現較大幅度的下跌，因此伴隨著更大的損失風險。故我們可以下一個結論，營業槓桿愈大者，風險亦愈高。

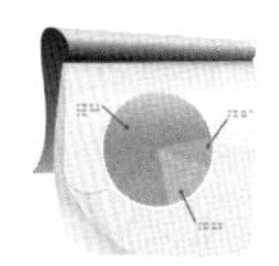

Unit 8-6 多種產品下之CVP分析

以上的介紹都假設公司只有出售一種產品，本單元我們將介紹當公司出售多種產品時，損益兩平點應該如何計算。

假設大方出版社除了銷售英語學習書外，還銷售英語CD，CD的售價為$100，進貨成本為$75，若書與CD銷售的數量比為3：2，預計書與CD的總銷售量為500單位，則大方出版社的損益兩平點為何？預期利潤為何？

各產品資料

	書	CD
單位售價	$300	$100
單位變動成本	$150	$75
單位邊際貢獻	$150	$25
預計銷售數量	300	200

若以邊際貢獻法求算損益兩平點銷售數量，則可計算如下：

$$加權平均單位邊際貢獻=\frac{150\times300+25\times200}{300+200}=100$$

$$損益兩平點銷售數量=\$30,000\div100=300（書+CD）$$

書與CD的個別銷售單位如下：

$$書：300\times\frac{3}{5}=180$$

$$CD：300\times\frac{2}{5}=120$$

若大方出版社預計總銷量為500單位（即書為300本，CD為200張），則淨利為$20,000（右頁上表）。

由上表可看出，書的邊際貢獻明顯大於CD的邊際貢獻，故若大方出版社無法增加總銷售量時，可藉由提高邊際貢獻較高者（在本例為書）的比例來增加營業利益（右頁下表）。

銷售量3：2之淨利

商品	書	CD	合計
銷售數量	300	200	500
銷貨收入	$90,000	$20,000	$110,000
變動成本	45,000	15,000	60,000
邊際貢獻	$45,000	$5,000	$50,000
固定成本			$30,000
淨利			$20,000

銷售量4：1之淨利

商品	書	CD	合計
銷售數量	400	100	500
銷貨收入	$120,000	$10,000	$130,000
變動成本	60,000	7,500	67,500
邊際貢獻	$60,000	$2,500	$62,500
固定成本			$30,000
淨利			$32,500

第8章習題

一、選擇題

( ) 1. 邊際貢獻率將因下列哪一項而增加？
(A) 變動成本率提高
(B) 損益平衡點提高
(C) 變動成本率降低
(D) 損益平衡點降低。

( ) 2. 使用CVP分析，計算預計銷貨量時，下列哪一項應由固定成本中扣除？
(A) 預期營運損失
(B) 預期營業利益
(C) 單位邊際貢獻
(D) 變動成本。

( ) 3. 進行損益兩平分析時，若固定成本減少10%，則下列何者正確？
(A) 損益兩平點銷貨數量增加10%
(B) 邊際貢獻增加10%
(C) 損益兩平點銷貨數量減少10%
(D) 邊際貢獻減少10%。

( ) 4. 在損益平衡點上，邊際貢獻等於：
(A) 總變動成本
(B) 總銷貨收入
(C) 銷管費用
(D) 總固定成本。

( ) 5. 下列何者並非成本—數量—利潤分析的基本假設？
(A) 不用考慮貨幣之時間價值
(B) 本分析適用單一產品；或是在多種產品下，既定之銷售組合維持不變
(C) 在攸關範圍內，總收入及總成本與產出單位的關係成非線性
(D) 收益與成本僅隨著生產和銷售的產品（或勞務）數量的改變而改變。

( ) 6. 以銷貨收入金額來表示損益兩平點時，總固定成本被下列哪一項除之？
(A) 單位變動成本
(B) 單位變動成本÷單位銷貨收入
(C) 單位邊際貢獻÷單位銷貨收入

(D) 以上皆非。

( ) 7. 若要降低損益兩平點的最佳方法為：

(A) 增加固定成本及邊際貢獻

(B) 減少固定成本及邊際貢獻

(C) 減少固定成本及增加邊際貢獻

(D) 增加固定成本及減少邊際貢獻。

( ) 8. 下列何者為求得目標利潤下銷售額的計算方式？

(A) （固定成本＋稅前淨利）／邊際貢獻率

(B) （變動成本＋稅前淨利）／邊際貢獻率

(C) （固定成本＋稅後淨利）／邊際貢獻率

(D) （變動成本＋稅後淨利）／邊際貢獻率。

( ) 9. 損益平衡分析係假定銷貨收入於超過正常營運範圍時：

(A) 單位變動成本是不變的

(B) 總固定成本為非線型的

(C) 單位收入為非線型的

(D) 總成本是不變的。

( ) 10. 高雄公司只銷售一項產品，售價100元，單位變動成本60元，每年固定成本10,000元，請問損益兩平銷售量為何？

(A) 200

(B) 250

(C) 600

(D) 650。

( ) 11. 承上題，請問損益兩平銷售金額為何？

(A) 20,000元

(B) 25,000元

(C) 60,000元

(D) 65,000元。

( ) 12. 當採用彈性預算時，在正常營運範圍內，如預計產量會在繼續增加的情況下，下列兩項成本預測將發生何種影響？

	單位固定成本	單位變動成本
(A)	減少	減少
(B)	不變	不變
(C)	不變	減少
(D)	減少	不變

二、練習題

1. 家家公司僱用兩名推銷員銷售公司出產之某產品，該產品進價每單位$60，並以每單位$100出售。家家公司支付每位推銷員每年$3,600固定薪資外，並按銷貨收入之5%給付銷貨佣金。另外，該公司每年發生之支出如下：

   門市租金$1,200

   照明$600

   門市職員薪津$8,100

   廣告費$400

   估計該公司每年之銷售量在550單位至800單位之間。

   試求：

   (1) 計算平衡點銷售量。

   (2) 銷售550及800單位之淨利多少？

2. 大大公司利益結構如下：

   利量率40%

   固定成本每年$1,000,000

   試求：

   (1) 該公司損益兩平點。

   (2) 全年銷貨收入$3,000,000時，淨利若干？

   (3) 若每年增加固定支出$3,000，則應增加銷貨多少方能彌補所增加支出？

3. 大華公司2013年度損益資料如下：

	甲產品	乙產品	合計
銷貨收入	$45,000	$45,000	$90,000
變動成本	9,000	36,000	45,000
邊際貢獻	$36,000	$ 9,000	$45,000
固定成本及費用			24,640
淨　　利			$20,360

   試計算下列各項銷貨組合之損益平衡點：

   (1) 甲、乙各占銷貨收入的50%。

   (2) 甲產品占銷貨收入的60%，乙產品占40%。

第8章解答

一、選擇題

1. (C)　2. (A)　3. (C)　4. (D)　5. (C)　6. (C)　7. (C)　8. (A)　9. (A)　10. (B)
11. (B)　12. (D)

二、練習題

1. (1) 每單位邊際貢獻＝$100－$60－$100×5%＝$35
　　固定成本＝$（1,200＋600＋8,100＋400＋3,600×2）＝$17,500
　　損益兩平點銷售量＝$17,500÷$35＝500（單位）
 (2) 銷售800單位之淨利＝$35×800－$17,500＝$10,500
　　銷售550單位之淨利＝$35×550－$17,500＝$1,750

2. (1) 損益兩平點銷貨額＝$1,000,000÷40%＝$2,500,000
 (2) 淨利＝$3,000,000×40%－$1,000,000＝$200,000
　　每年增加固定支出$3,000，則需增加$3,000÷40%＝$7,500

3. (1) 甲產品之利量率＝$36,000÷$45,000＝80%
　　乙產品之利量率＝$9,000÷$45,000＝20%
　　組合之利量率＝0.5×80%＋0.5×20%＝50%
　　損益兩平點金額＝$24,640÷50%＝$49,280
 (2) 組合之利量率＝0.6×80%＋0.4×20%＝56%
　　損益兩平點金額＝$24,640÷56%＝$44,000

第 9 章

歸納成本法與變動成本法

章節體系架構

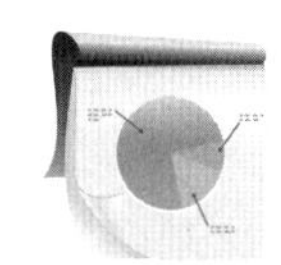

Unit 9-1 變動成本的意義

本章所介紹的歸納成本法與變動成本法，其區分的標準為產品成本涵蓋的範圍；也就是說，在這兩種成本制之下，產品成本包含的項目是不同的。所以不論採用的是歸納成本法或變動成本法，也可同時採用分批成本制或分部成本制（其區分標準為製造的實體流程），也可同時採用實際成本制、或正常成本制、或標準成本制（其區分的標準為以預計或是實際成本入帳），也同時可採用先進先出法或後進先出法，是不會互相衝突的。

一、固定製造費用是關鍵

所謂歸納成本法，又可稱為全部成本法、傳統成本法，是指將直接材料、直接人工及製造費用等所有製造成本包含於產品成本中，而行銷管理費用則視為期間成本。本書前面章節中所有的損益表皆是採用歸納成本制所編製而成的，這也是一般公認會計原則中所規定的損益表格式。

而變動成本法，又稱為直接成本法、邊際成本法，是指直接材料、直接人工及變動製造費用等所有變動的製造成本包含於產品成本中，而行銷管理費用與固定製造費用則視為期間成本。

所以歸納成本法與變動成本法最大的不同點就在於，對「固定製造費用」的處理方法，另外，不管是在哪種成本法下，固定或者是變動的行銷管理費用都不被視為產品成本，而是視為當期費用處理。

二、變動成本法補足歸納成本法的不足

既然歸納成本法的損益表格式是一般公認會計原則所規定的，為什麼要大費周章的再用另一種方法編製損益表呢？原因就是：大部分的固定製造成本都難以直接的歸屬到產品上，因此當企業採用歸納成本法時，這些固定製造成本若是透過不合適的分攤程序歸屬到產品成本，會使管理者在做產品成本決策時就喪失攸關性。另外，企業的管理階層在制定產品的相關策略時，如產品定價策略、降低產品成本等，要進行一些分析，如成本—數量—利潤分析、差異分析等。

小博士解說　超級變動成本法

除了歸納成本法與變動成本法外，有些管理者也有使用超級變動成本法（產出成本法）來計算成本。現在要提到的超級變動成本法，同樣也是提供管理階層決策資訊的方法，基本觀念與先前介紹的變動成本法是相同的，唯一不同的地方就在產品成本的範圍。變動成本法是把所有變動製造成本皆包含在產品成本中，但超級變動成本法下的產品成本只包含直接材料。而編製損益表的方法和變動成本法是相同的，唯一要注意的是，銷貨收入減去直接材料後，稱為「貫穿貢獻」。

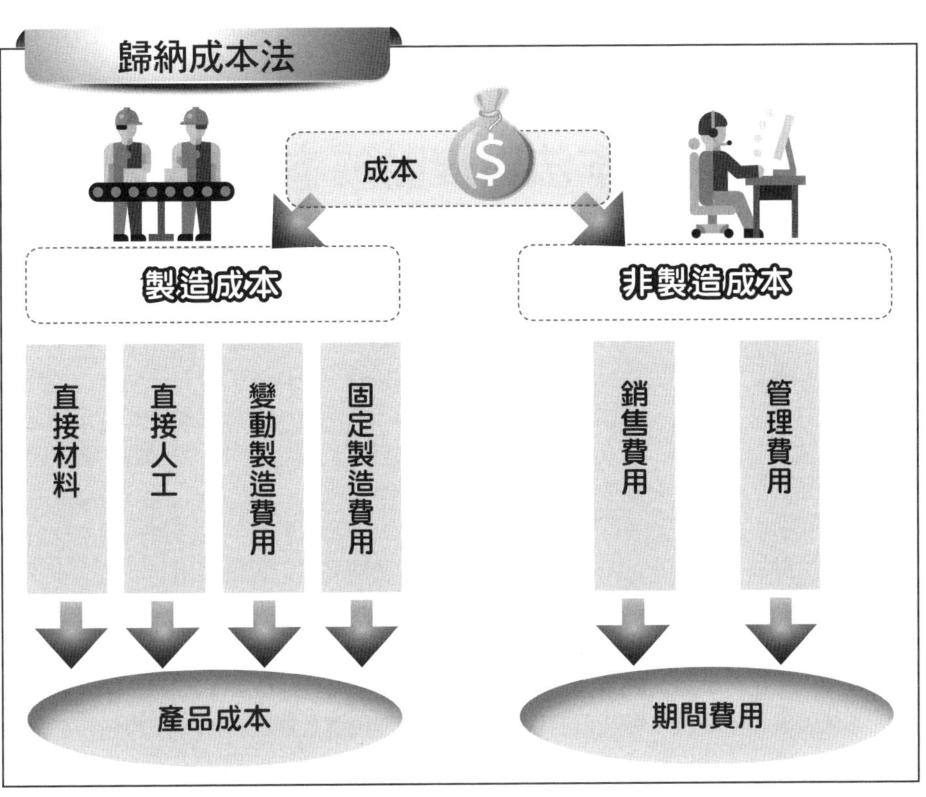
歸納成本法
成本
製造成本
非製造成本
直接材料
直接人工
變動製造費用
固定製造費用
銷售費用
管理費用
產品成本
期間費用

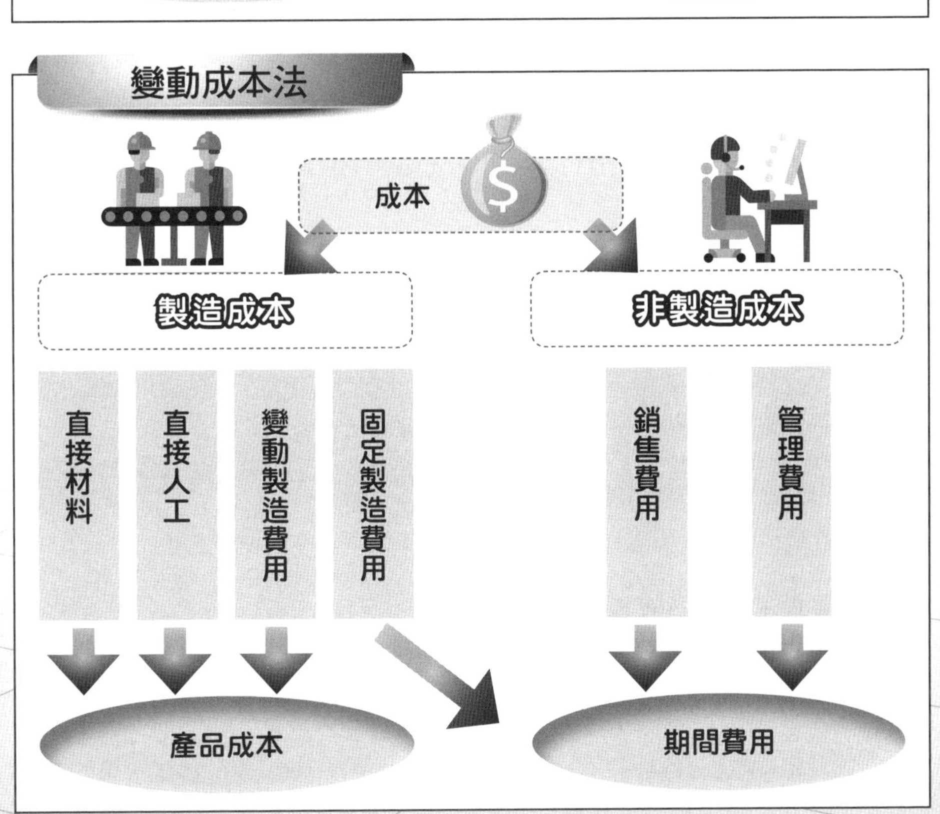
變動成本法
成本
製造成本
非製造成本
直接材料
直接人工
變動製造費用
固定製造費用
銷售費用
管理費用
產品成本
期間費用

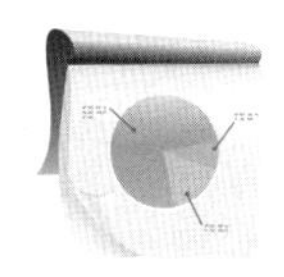

Unit 9-2 歸納成本法與變動成本法的比較

上一單元已經提到，歸納成本法與變動成本法最大的不同點在於對固定製造費用的處理，表9-1將這兩個方法做了較詳細的比較。

我們可以看出基本上兩種方法的成本分類就有所不同：歸納成本法是依照功能別來將成本進行分類，因此分為製造成本（直接材料、直接人工及製造費用）與非製造成本（行銷管理費用）；而在變動成本法之下，將所有成本分為變動和固定兩個部分，在損益表分開表達。因此製造費用就被分為變動及固定兩部分來揭露，由於直接材料與直接人工全屬於變動成本，所以無分類的問題。

由表9-1中的第2點及第3點可以看出兩種方法最大的不同，就在歸納成本法將固定製造費用歸為產品成本的一部分；而變動成本法則視固定製造費用為期間成本，將其費用化。

最後一點，也是我們前面單元提到的，一般公認會計原則所規定企業對外公布的損益表格式，是依照歸納成本法編製而成，因此其使用者為企業外部使用者；依照變動成本法編製的損益表，完全是為了提供企業管理階層有用的資訊，故屬於內部報表的一種，不能也不會向外公布，否則就會違反一般公認會計原則，所以使用者僅限於企業內部管理人員。

一、兩種方法的成本累積之流程及報表項目

在瞭解歸納成本法與變動成本法的不同之後，接著，利用下列兩張圖來表示在兩種方法的成本累積的流程及報表表達的項目。透過圖9-1及圖9-2這兩張圖，我們可以更清楚的瞭解兩種方法的區別。

圖9-1是我們平常編製報表的程序，將製造過程中發生的直接材料、直接人工及製造費用（包含變動與固定）累積至產品成本，製成後累計至存貨科目，出售後轉入銷貨成本科目，為損益表的一部分；若至期末尚未出售，則留在存貨科目，包含了未出售產品的直接材料、直接人工及製造費用（包含變動與固定），為資產負債表的流動資產。而行銷管理費用屬期間成本，也為損益表的一部分。

在圖9-2變動成本法下，可以很清楚的發現固定製造費用並不計入產品成本中，也就是說，期末存貨中不包含任何固定製造費用，而是把固定製造費用當作期間成本，費用化於損益表上。其餘的步驟與歸納成本皆相同，在此不加贅述。

二、兩種方法的損益表編製

接下來，在開始計算前，必須要先瞭解變動成本法下的損益表是如何編製的。下列是分別依照歸納成本法與變動成本法編製的損益表，把先前所介紹兩種方法差異以報表的方式表達，以幫助學習。表9-2是依照歸納成本法編製的損益表，可以看出製造成本與非製造成本（銷管費用）， 但不能分辨出變動成本與固定成本；而表9-3是

依照變動成本法編製的損益表，可以看出製造成本與非製造成本，但同時也能清楚的分辨出變動成本與固定成本，而且計算出來的邊際貢獻對損益兩平點的分析是很有用的。

表9-1 歸納成本法與變動成本法的比較表

	歸納成本法	變動成本法
1.成本的分類	以功能別來區分為製造與非製造成本	以成本習性來區分為變動與固定成本，但仍具有功能別的分法(製造與非製造)
2.產品成本的範圍	(1)直接材料 (2)直接人工 (3)製造費用(變動及固定)	(1)直接材料 (2)直接人工 (3)變動製造費用
3.期間成本的範圍	行銷管理費用	(1)行銷管理費用 (2)固定製造費用
4.損益表使用者	一般外部使用者	僅限內部使用者

圖9-1 歸納成本法的流程

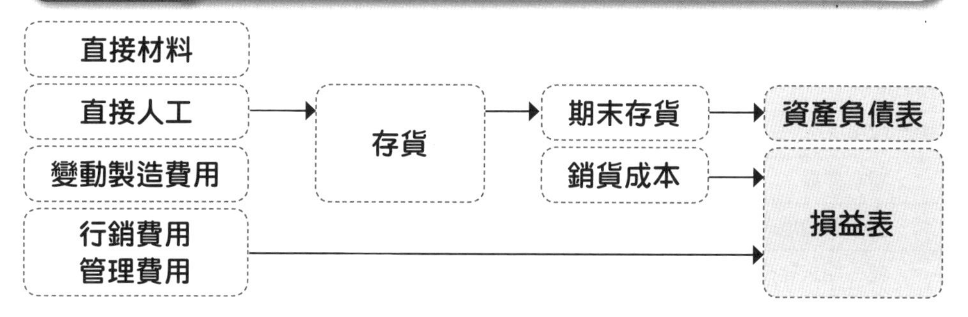

圖9-2 變動成本法的流程

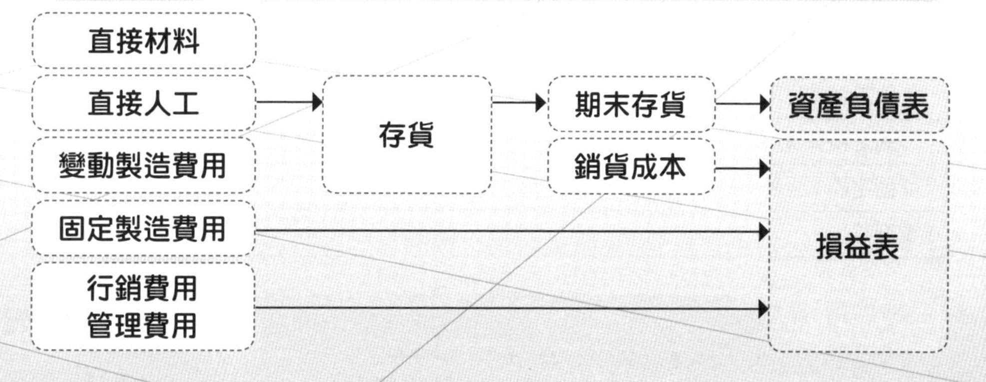

表9-2 歸納成本法下的損益表

損益表－歸納成本法		
銷貨收入		****
銷貨成本：		
期初存貨	****	
製造成本	****	
減：期末存貨	(***)	(**)
銷貨毛利		****
銷管費用		(***)
營業利益		****

表9-3 變動成本法下的損益表

損益表－變動成本法		
銷貨收入		****
變動成本：		
期初存貨	***	
變動製造成本	***	
減：期末存貨	***	
變動製造銷貨成本	***	
變動成本合計		(****)
邊際貢獻		****
固定成本：		
固定製造費用	***	
固定銷管費用	***	
固定成本合計		(***)
營業利益		***

第9章習題

一、選擇題

( ) 1. 在變動成本法下，產品成本不包含下列何者？
(A) 直接原料
(B) 直接人工
(C) 固定製造費用
(D) 變動製造費用。

( ) 2. 比較歸納成本法與直接成本法的營業利益時，在何種情況下，直接成本法的營業利益將大於歸納成本法的營業利益？
(A) 當期初存貨的數量等於期末存貨的數量
(B) 當期初存貨的數量小於期末存貨的數量
(C) 當期初存貨的數量大於期末存貨的數量
(D) 以上皆非。

( ) 3. 在編製內部使用的損益表時，固定製造費用總額在下列哪一種方法下被列為當期的期間成本？

	歸納成本法	直接成本法
(A)	非	是
(B)	非	非
(C)	是	非
(D)	是	是

( ) 4. 採用變動成本法時，下列哪些成本項目應計入產品成本內？

	變動銷管費用	變動製造費用
(A)	是	非
(B)	非	是
(C)	是	是
(D)	非	非

( ) 5. 在直接成本法之下，編製損益表時，固定製造費用應如何列報？
(A) 用於計算邊際貢獻與營業利益
(B) 不必列報
(C) 只用於計算營業利益
(D) 同變動製造費用處理方式。

( ) 6. 成功公司2012年產銷1,000單位，2012年度製造及銷售成本如下：

直接原料及直接人工	$60,000
變動製造費用	14,000
固定製造費用	3,000
變動銷管費用	1,000

請問成功公司在直接成本法之下，其產品單位成本應為若干？
(A) $73
(B) $74
(C) $75
(D) $76。

( ) 7. 下列資料為大成公司2013年的會計資料：

銷貨收入	$45,000
進貨	21,000
期初存貨	10,500
期末存貨	15,000
銷管費用	1,500

請問大成公司的銷貨毛利應為多少？
(A) $22,000
(B) $24,000
(C) $28,500
(D) $26,000。

( ) 8. 利大公司2011 年各項製造成本資料如下：

直接原料及直接人工	$280,000
變動製造費用	40,000
生產設備折舊	32,000
其他固定製造費用	7,200

利大公司編製對外財務報表時，應列報多少製造成本？
(A) $280,000
(B) $320,000
(C) $352,000
(D) $359,200。

試以下資料回答9、10題。
大發公司2012年年底有下列資料：

完工產品	10,000 單位
銷售量	9,000 單位

直接原料耗用	$40,000
直接人工	20,000
固定製造費用	25,000
變動製造費用	12,000
固定銷管費用	30,000
變動銷管費用	4,500
期初製成品存貨	0

2012年期初及期末均無在製品。

( ) 9. 在直接成本法下，大發公司2012年的期末製成品成本應為若干？
(A) $9,000
(B) $9,500
(C) $7,200
(D) $8,100。

( ) 10. 大發公司採用下列何種方法，將使2012年有較高之營業利益，又高出多少？
成本方法營業利益高出
(A) 歸納成本法$2,500
(B) 直接成本法$2,500
(C) 歸納成本法$5,000
(D) 直接成本法$5,000。

( ) 11. 變動成本法與全部成本法之差異為何？
(A) 是否將固定行銷成本列為銷貨成本
(B) 是否將直接人工成本列為存貨成本
(C) 是否將固定銷管成本列為期間成本
(D) 是否將固定製造費用列為期間成本。

二、計算題

1. 國民公司生產單一產品，其各項成本如下：
變動製造成本：每單位$3
固定製造費用：每年度$200,000
正常生產能量：200,000
無期初及期末在製品存貨2010年度生產200,000單位，出售90%，每單位售價$6。
2011年度生產210,000單位，出售220,000單位，每單位售價與2010年度相同。
試求：
(1) 根據下列兩種方法，請編製2010年度及2011年度損益表：
①歸納成本法

②直接成本法

(2) 在年度報表中，調整其營業利益數字。

2. 大華公司2010 年度及2011 年度損益表上數字如下：

	2010年	2011年
銷貨收入	$300,000	$450,000
營業利益	55,000	35,000

公司某股東對於財報上所列報數字有些許疑問，為何2011年銷貨收入較1997年增加50%，何以淨利反而較低？經該公司會計主任解釋稱：「該項損益表係按傳統方式編製，2010年有一部分期間成本歸由2011年負擔，如果按直接成本法編製，則無此弊端，並可揭示真相。」經查核兩年度業務記錄所得資料如下：

	2010年	2011年
銷貨量	20,000	30,000
生產量	30,000	20,000
每單位售價	$15	$15
每單位變動成本	5	5
固定製造費用	$180,000	$180,000
固定製造費用分攤率（每單位產品分配額）	6	6
固定銷管費用	$25,000	$25,000

試求：

編製2010年度及2011年度傳統式之損益表。

3. 海新公司2010年度各項經營資料如下：

成本：

每單位產品變動成本：

原料及人工	$4.50
製造費用	1.00
	$5.50

固定成本：

製造費用	$250,000
銷管費用	100,000
	$350,000

產銷狀況：

生產能量100,000單位

銷貨量95,000單位

生產量90,000單位

各項變動成本差異借差$4,500。製造費用按生產能量分攤。各項差異及多或少分攤製造費用均轉入銷貨成本。每單位售價$10。

試求：

(1) 根據上述資料按傳統方式及直接成本法編製其損益表。

(2) 列表說明上述兩表營業利益不同的原因（即調節兩者營業利益差異）。

(3) 如該年度銷貨量為90,000單位，生產量為95,000單位，其營業利益應為若干？試 分別按上述兩法重行計算之（僅列算式，不必編表）。

4. 大安公司按每單位$2出售甲產品，該公司採先進先出法，並按實際成本計算其固定製造費用分攤率。換言之，每年均按實際固定製造費用除以實際產量，重新計算固定製造費用分攤率。

該公司2009年及2010年相關資料如下：

	2009 年	**2010 年**
銷貨量	1,000	1,200
生產量	1,400	1,000
成本：		
製造：		
變動	$700	$500
固定	700	700
變動銷管費用	100	120
固定銷管費用	400	400

試求：

(1) 歸納成本法的兩年度損益表。

(2) 直接成本法的兩年度損益表。

(3) 解釋在兩種方法下，產生營業利益差異的原因。

一、選擇題

1. (C)
2. (C)
3. (A) 在直接成本法下，固定製造費用應列為期間成本。
4. (B) 在變動成本法下，應將變動製造費用列為產品成本。
5. (C) 在直接成本法下，固定製造費用應列為期間成本。
6. (B) ($60,000＋14,000)÷1,000＝$74
7. (C) 銷貨成本＝(21,000＋10,500)－15,000＝16,500
   銷貨毛利＝$45,000－16,500＝$28,500
8. (D) 製造成本＝280,000＋40,000＋32,000＋7,200＝359,200
9. (C) 期末製成品成本＝(40,000＋20,000＋12,000)÷(10,000－9,000)＝7,200
10. (A) (25,000／10,000)×(10,000－9,000)＝2,500
11. (D)

二、計算題

1. (1)①歸納成本法下之損益表：

	歸納成本法	
	2010年	2011年
銷貨： 180,000@$6	$1,080,000	
220,000@$6	________	$1,320,000
銷貨成本：		
製造成本：		
變動成本：200,000@$3	$ 600,000	
210,000@$3		$ 630,000
固定成本：200,000@$1	200,000	
210,000@$1	________	210,000
	$ 800,000	$ 840,000
期初存貨：		
20,000@$4	0	80,000
期末存貨：		$ 920,000

圖解成本與管理會計

20,000@$4	80,000	
10,000@$4		40,000
		$ 880,000
有利能量差異：10,000@$1	–	10,000
銷貨成本	$ 720,000	$ 870,000
營業利益	$ 360,000	$ 450,000

②直接成本法下之損益表：

	直接成本法	
	2010年	**2011年**
銷貨：180,000@$6	$1,080,000	
220,000@$6		$1,320,000
變動銷貨成本：		
變動製造成本：200,000@$3	$ 600,000	
210,000@$3		$ 630,000
減：期末存貨：20,000@$3	60,000	
10,000@$3		30,000
		$ 600,000
加：期初存貨：20,000@$3		60,000
變動銷貨成本	$ 540,000	$ 660,000
邊際利益	$ 540,000	$ 660,000
減：固定製造費用	200,000	200,000
營業利益	$ 340,000	$ 460,000

(2)

	2010年度	**2011年度**
直接成本法之營業利益	$340,000	$460,000
期末存貨價值低估：$80,000－$60,000	20,000	
$40,000－$30,000		10,000
	$360,000	$470,000
期初存貨價值低估：$80,000－$60,000		20,000
歸納成本法之營業利益	$360,000	$450,000

2. 傳統式損益表：

大華公司 損益表 2010年度及2011年度				
	2010年度		2011年度	
銷貨收入		$300,000		$450,000
銷貨成本：	$ 0		$110,000	
期初存貨				
加：製造成本				
變動成本	150,000		100,000	
固定製造費用	180,000		180,000	
	330,000		390,000	
減：期末存貨	110,000	220,000	0	390,000
銷貨毛利		80,000		60,000
減：固定銷管費用		25,000		25,000
營業利益		$ 55,000		$ 35,000

3. (1)①傳統式損益表

海新公司 損益表 2010年度		
銷貨收入：$10×95,000		$950,000
減：銷貨成本：		
標準成本：$8×95,000	$760,000	
變動成本差異	4,500	
能量差異（固定成本差異）		
（100,000－90,000）×$2.5	25,000	789,500
銷貨毛利		$160,500
減：銷管費用		100,000
營業利益		$ 60,500

②直接成本法之損益表：

海新公司 損益表 **2010**年度		
銷貨收入		$950,000
減：變動銷貨成本：		
標準成本：$5.50×95,000	$522,500	
變動成本差異	4,500	527,000
邊際利益		$423,000
固定成本：		
製造費用	$250,000	
銷管費用	100,000	350,000
營業利益		$ 73,000

(2)

	直接成本法	歸納成本法	差異
營業利益	$73,000	$60,500	$12,500
存貨成本：			
存貨數量減少			
（95,000 － 90,000）	5,000	5,000	
每單位應攤固定成本	0	2.50	－
存貨成本差異	$ 0	$12,500	$12,500

(3)

	歸納成本法	直接成本法
銷貨收入	$900,000	$900,000
銷貨成本：		
標準製造成本		
$8×95,000	$760,000	
$5.5×95,000		$522,500
變動成本差異	4,500	4,500
能量差異（固定成本差異）：		
（100,000 － 95,000）×$2.5	12,500	
	$777,000	$527,000

減：存貨增加：		
（95,000 － 90,000）×$8	40,000	
（95,000 － 90,000）×$5.5	______	27,500
銷貨毛利	$737,000	$499,500
邊際利益	$163,000	$400,500
固定成本：		
製造費用		250,000
銷管費用	100,000	100,000
	$100,000	$100,000
營業利益	$ 63,000	$ 50,500

4. (1) 歸納成本法：

大安公司 損益表 **2009年度及2010年度**				
	2009年度		**2010年度**	
銷貨收入：$2×1,000		$2,000		
$2×1,200				$2,400
減：銷貨成本：				
期初存貨	$ 0		$ 400	
製造成本	1,400		1,200	
	$1,400		$1,600	
減：期末存貨：				
400 單位@$1.00	400	1,000		
200 單位@$1.20	_____	_____	240	1,360
銷貨毛利		$1,000		$1,040
減：銷管費用		500		520
營業利益		$ 500		$ 520

(2) 直接成本法：

大安公司 損益表 2009年度及2010年度				
	2009年度		**2010**年度	
銷貨收入：		$2,000		$2,400
減：變動成本：				
期初存貨	$ 0		$200	
加：變動製造成本	700		500	
	$700		$700	
減：期末存貨：				
400單位@$0.5	200	500		
200單位@$0.5			100	600
		$1,500		$1,800
減：變動銷售費用		100		120
邊際利益		$1,400		$1,680
減：固定成本：				
固定製造費用		700		700
固定銷管費用		400		400
營業利益		$ 300		$ 580

(3)

	直接成本法	歸納成本法	差異
2009年度：			
營業利益	$300	$500	$200
存貨價值增加（減少）	$200	$400	$200
2010年度：			
營業利益	$580	$520	$(60)
存貨價值增加（減少）	$160	$100	$(60)

兩種方法產生營業利益差異原因為存貨是否當期生產當期銷售，其影響固定製造費用於損益表認列的差異。

第10章

新環境下成本管理技術

章節體系架構

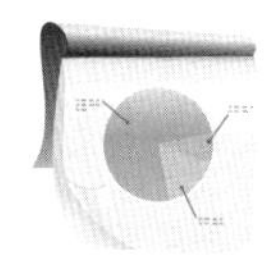

Unit 10-1 作業基礎成本制(一)

一、管理概念

過去傳統的成本管理只注重人工、物料等數字成本，但事實上，這些成本對整個企業的成本來說只是一小部分，成本管理系統的發展過程，在過去只注重標準成本，人工、物料等直接成本都只是對「量」的偏重，而對決策資訊的幫助其實相當有限。隨著ABC制度的發展及電腦軟體的發展，也就是1990年代的第一波改革，ABC制度正式進入了所謂實驗的階段，各企業將之導入實際作業當中，而漸漸的發揮成本資訊的價值，也有較好的成本概念，但是對風險成本的觀念卻相當有限。而到了90年代的第二波改革，ABM制度隨即發展出來，並將成本管理的概念擴展至整個企業管理面，也強調制度間的整合，如與績效評估制度、獎酬制度的連結，也因為所提供的資訊愈來愈精密及即時，它所扮演的決策支援的角色也相對的重要了起來。

(一)傳統成本管理制度的特性及其無法面對新環境下的理由

首先，我們先回顧前面幾章對傳統成本及管理制度的描述，可以將傳統的成本及管理制度的特性及其無法面對新環境下的理由，彙整如右表所示。

由右表可清楚瞭解，過去傳統的成本及管理制度多偏重在成本面及財務面的資訊，面對新環境競爭將不敷使用，於是新的成本管理制度引進了「品質」、「時間」、「價值」、「彈性」及「顧客滿意度」的觀念，使得會計制度與行銷策略將能更緊密的結合，進而提升公司整體的經營績效。從決策者角度來看，傳統的成本制度實在無法提供及時且足夠的資訊作為決策參考的依據，譬如說，「顧客面」、「產品面」及「行銷作業面」的資訊都是決策者在做決策時非常重要的資訊，但傳統的成本制度卻無法提供，也清楚得知傳統的成本管理系統因受財務會計之影響甚大，所以太偏向財務面，以及財務面之績效評估；且因製造費用之分攤不甚合理，所以易造成產品間成本互相補貼之效果。而一套成本管理系統必須達到三個目的：1.外部財務報導；2.產品／顧客成本，以及3.營運及策略性控制。

因此，若一公司非常需要有最基本的「產品及顧客別之成本資訊」，以及「日常營運及策略性控制之資訊」時，則需要實行ABC及ABM制度。

(二)實施ABC基礎工程作業

ABC之基礎工程為「作業」，因此，在實施ABC之前，公司之作業流程合理化及作業管理及分析之工作應該先做，亦即應該先打好「基礎工程」，才能獲致事半功倍之效果。當基礎之「作業流程」完工後，短期內應以完成ABC為主，中期以完成ABM及ABB為主，又長期則以達到整合性策略成本管理制度之方向為主。ABC之實施範圍應包括公司所有價值鏈之作業，亦即包括直接（如製造及運送產品之作業等）及間接（如會計及人事作業等）兩部分。而且宜先從直接作業部分為主先實施，如從製造作業先從事ABC之分析，較易掌握方向，因製造作業及流程較易釐清及劃分，所以在從事ABC分析時也較易獲致明確的效果。

傳統成本管理制度的特性及其無法面對新環境下的理由

特　　性	理　　由
1.強調以財務報告來引導	不合時宜的管理資料
2.數量基礎之總合製造費用分攤方式	大量產品補貼少量產品
3.半變動成本當為變動或固定成本	製造費用分攤不正確
4.月財務性績效回饋	無質方面之績效衡量
5.強調成本控制	重視無附加價值之費用
6.重視財務會計衡量之激勵	強調短期性而非長期性之衡量

ABC基本要素

資源 → 此要素即為「會計科目」之費用，如水電費、折舊費、房租費等。在從事ABC分析時，原來之會計傳票可能需跟著改變，儘量將資源歸屬到各作業中心去。

作業中心 → 此中心儘量能區分出作業之差異性的情況，如倉儲作業中心及採購作業中心是完全不相同的作業性質。又作業中心之決定應配合著未來管理方向，因作業中心將成為一個最基本的「管理單位」。

作業中心之作業 → 此部分為價值鏈之作業流程及作業價值分析之部分，此部分即為前面所談「基礎工程」的部分。此部分之資訊因部門別之不同而異，且只有自己部門最清楚自己的作業情況，從此內容中，吾人即可清楚地看出ABC係結合會計部門之「資源」資訊與其他部門之「作業」資訊而形成的。此與傳統之以「帳戶」累積成本資訊的作法大不相同。

資源動因 → 此係將資源分攤至「作業中心」或「作業」之基礎。如房租係以作業中心之「坪數」為基礎，分攤出去，此坪數即為「資源動因」。

作業動因 → 此要素係將作業中心之成本分攤至成本標的之基礎。如A作業中心之成本係以機器小時分攤至產品（成本標的）中心。

成本標的 → 此為成本計算之終極目的，包括產品、顧客、計畫及部門別等。

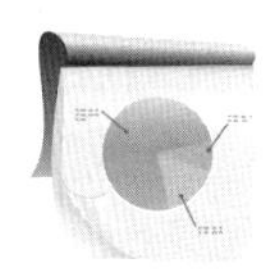

Unit 10-2 作業基礎成本制(二)

一、管理概念（續）

(二)實施ABC基礎工程作業（續）

另外對服務業而言，在實施ABC之時，應先確定服務之產品，然後再釐清其相關作業，因為對服務業而言，其服務之產品往往不易具體化，所以，第一步得先確定「服務」之產品，才容易順暢地實施ABC制度。

在實行ABC之初，最基本之成本標的應包括產品（製造業）及顧客層面（服務業）此兩部分。俟此兩層面之成本資訊產生後，再慢慢地擴大成本標的之層面為宜。

ABC觀念實結合「作業」與「成本管理」兩大部分，即形成其具體觀念，成本管理之三要素包括：「成本面」、「品質面」及「時間面」之資訊，當與「作業」之觀念結合後，即形成了ABC之具體觀念。透過實施ABC之後，吾人可以知道「製造作業」所耗之成本（此屬成本資訊）為何？在此「製造作業」中有多少瑕疵品發生（此屬品質資訊）？及此「製造作業」花了多少製造時間（此屬時間資訊）？因此，要深植ABC觀念之前，首先得去除傳統之成本三要素：直接材料、直接人工及製造費用之帳戶觀念，取而代之的為「作業」與「成本管理」三要素：「成本、品質、時間」之結合觀念。企業若能生根此一觀念，則易達到營運及管理之績效。

當ABC之觀念深植後，才易影響公司各層人員的管理，然後才易推動ABM之執行。因為ABM之主要目的為將ABC產生之資訊提供給管理者作為管理決策之參考。而管理決策包括「策略」、「政策」及「營運」等三方面，其範圍及內容實為甚廣。因此，ABM之資訊得考慮：1.管理階層；2.決策內容；3.資訊需求，以及4.資訊提供時間等四方面。

(三)蒐集資料時最重要的是要考慮成本效益之問題

若公司實行ABC之目的，僅在達到「成本分攤」之合理性時，則不符合成本效益。其實ABC只是一個開頭，它是傳統成本系統之再生，實施ABC真正的目的應該是要達到ABM及ABB，甚至做到整合性策略成本管理之功能，亦即達到Kaplan及Cooper所說的第四階段之成本系統之功能時，其效益才大。在實施ABC時，資料大約包括三類：1.資料已存在，且在電腦檔中；2.資料存在於日常之管制報表中，但仍未建檔，以及3.資料仍未存在。一般而言，只要公司經營愈久時，前兩項之資訊往往已是不少，因而只要再花一些工夫設計表單和蒐集仍未存在之資料，即可解決資料蒐集之問題。另外，又在ABC制度中，最需要蒐集的是資源動因及作業動因之資料，此兩項皆稱為成本動因，蒐集此兩項成本動因之資料時必須注意：1.產能問題、2.生命週期問題、3.成本動因之選擇（詳見右下圖）。再者，若欲結合其他各管理制度，以及整合其資訊，主要在於每一制度之基本元素（或稱基礎工程）需要一樣，才能達到整合之效果。因此，要將ABC及ABM制度與其他制度相結合，最主要的是靠「作業」此項基本元素。例如，品質成本制度若能以「作業別」為骨幹來從事品質成本分析時，則易與ABC及ABM制度結合，提供企業有用之成本、品質及時間之相關資訊。

ABC架構圖

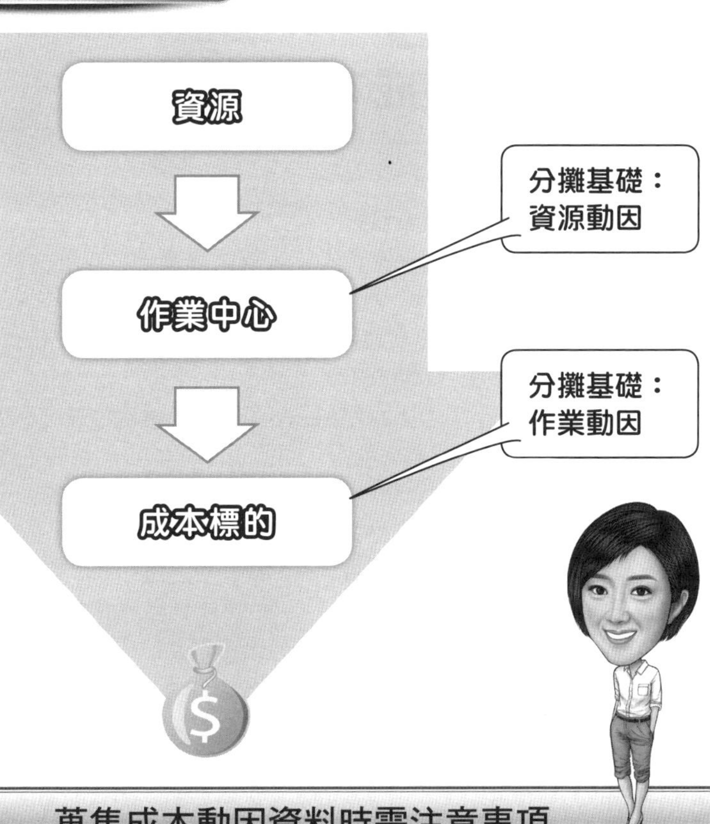

蒐集成本動因資料時需注意事項

產能問題

產能包括實際產能及預計產能兩種。例如，銀行之自動櫃員機（ATM）之使用時可區分為實際使用時間（實際運用產能）以及預計可使用時間（預計產能）之問題。不同產能，會用在不同的決策功能上，如預計產能適於訂價之用，而實際產能則適於績效評估之用。

生命週期問題

若我們能事先預計成功的客戶留在公司之生命週期，如為10年時，則應將行銷費用分10年攤給客戶為宜。

成本動因之選擇

若能找到一個最具代表性之成本動因時，則以一個為宜。其實為實施之便，儘量以一個成本動因為要。

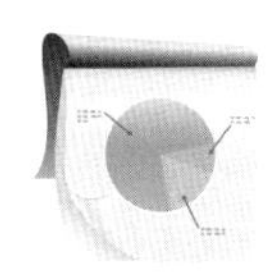

Unit 10-3 作業基礎成本制(三)

一、管理概念（續）

(四)企業以整合各管理系統為目的

目前歐美企業非常重視企業資源規劃系統之實施，如市面上被使用之SAP、Oracle等系統，這些系統已結合企業之所有價值鏈之作業，因而易達企業整體作業及資源整合的效果。在可預見此系統運作下，未來要將ABC及ABM制度與其他制度相互結合，俾形成一套整合性之策略成本管理系統。

最後，若企業以整合各管理系統為目的，可分為垂直性整合及水平性整合。所謂垂直性整合，係指如何將成本管理系統與公司之其他系統包括生產管理系統，如CIM；品質管理系統，如ISO-9000；策略管理系統，如產業及競爭分析與SWOT分析等之結合。另外，所謂水平性整合係指如何將成本管理系統中之各項技術，如ABC與目標成本制度及BSC等制度加以整合，俾形成一套完整的成本管理系統。

成本管理系統勢必要與其他系統整合一體，才易發揮成本管理系統之功能。成本管理系統之目的在促進公司目標及願景之達成，惟為達成公司之目標及願景，應該從事產業結構分析及SWOT分析等，然後才易形成公司之策略，因此，將這些內容結合一體稱為「策略形成系統」階段。又公司之策略有賴平衡計分卡之實施，因而稱平衡計分卡制度為「策略具體行動化系統」階段。透過價值鏈分析將所有作業整合，而平衡計分卡中的內部程序面即可與價值鏈分析結合一體，因為兩者皆對公司內部營運的所有功能加以仔細分析及研討。價值鏈分析係以「作業為骨幹」，因而價值鏈分析需與「作業管理及分析」與「作業流程合理化」分析相互結合一體，此結合之內容稱為「基礎工程系統：以作業為導向」階段。當公司有了好的基礎工程之後，才易推動「成本管理系統」階段。因此，「成本管理系統」應該包括兩個層面，一為成本管理之資訊構面，如成本、品質、時間、彈性或價值面資訊；另一為提供成本管理資訊之各項成本管理技術，如ABC、ABM、目標成本、品質成本或產能成本等制度。

成本管理系統之水平整合內容包括兩部分，首先應先從成本管理資訊構面著手。一般而言，成本管理資訊構面大約分成五項：成本、品質、時間、彈性及價值面等。在不同之資訊構面上會有不同之成本管理技術來提供，例如，就「成本」資訊構面而言，1.作業制成本及管理制度可提供產品或顧客之收入、成本及獲利資訊；2.產能成本及管理制度則可提供設備及人員之產能成本及績效管理資訊；3.生命週期成本制度則可提供產品及顧客生命週期之成本資訊；4.目標成本制則可提供產品之目標成本及產品成本降低之資訊等；5.品質成本可提供為品質所付出之代價為何之資訊，又生命週期及循環時間可提供「時間」面的資訊，產品多樣化及組合分析可提供「彈性」面之資訊；6.價值鏈分析可提供「價值」面之資訊，因此，這些成本管理技術所產生之資訊皆會構成「績效評估」之一環，所以在最後將7.績效評估制度納入成為成本管理之技術之一。

唯有透過整合後之管理系統，才能結合公司之策略面系統、營運及作業面系統，如此才能減少在各部門或各功能中擁有相當多的獨立系統，而造成各自為政，才可真正發揮管理效益。

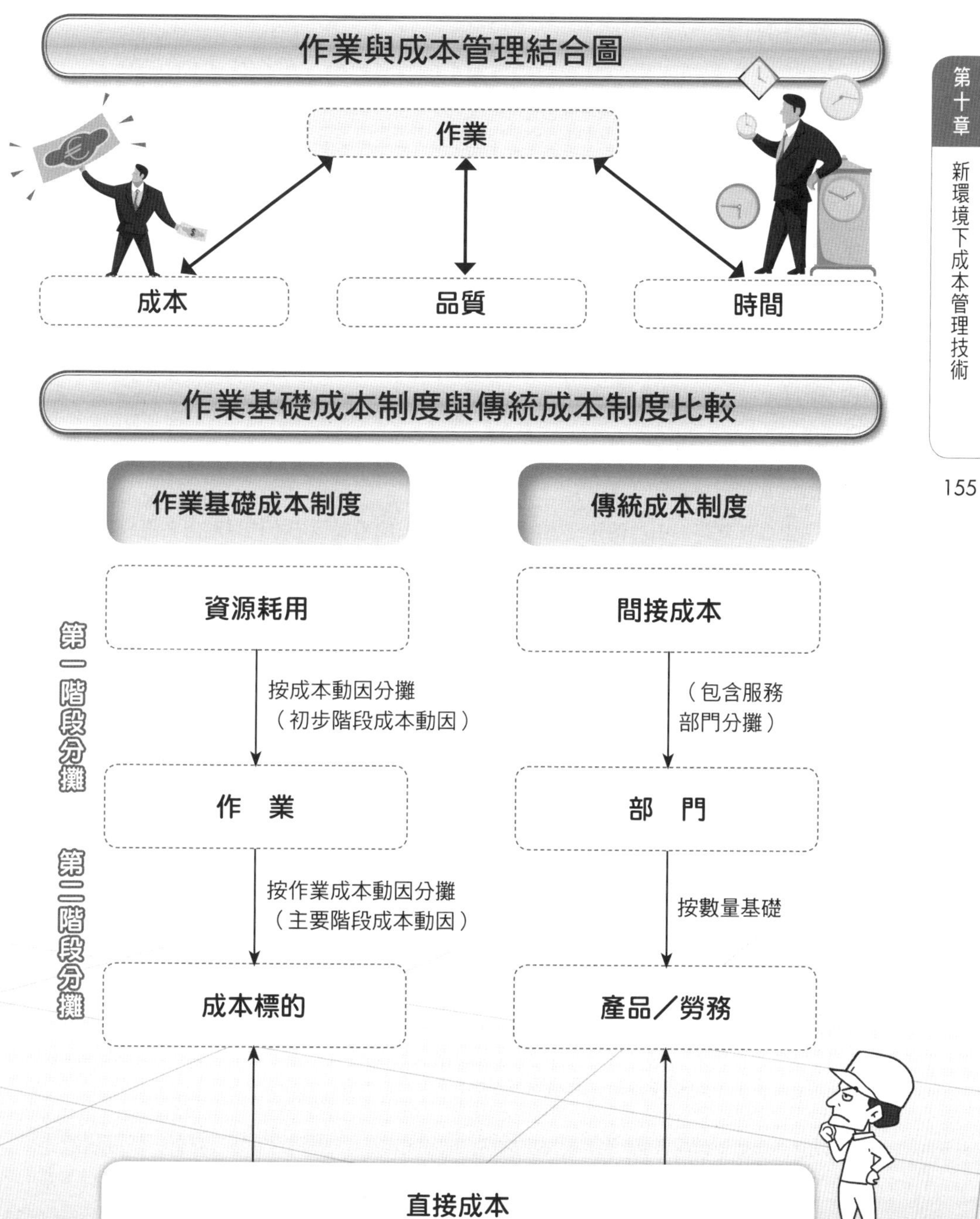

Unit 10-4 作業基礎成本制(四)

二、會計處理

在新製造環境下，由於傳統成本分攤制度有其缺失，故企業另尋其他較有效制度，於是有作業基礎成本制度的提出。

(一)意義

以作業為蒐集成本之中心，並分析每項作業引發成本之主要原因，並以其為分攤基礎，將作業成本歸屬至產品之一種成本制度，並進而提供有關作業營運資訊，以利於管理者規劃及控制。

(二)確認作業中心

採用作業基礎成本制度計算產品成本的第一步，是找出消耗資源的作業中心。企業通常先將各作業中心區分為四個層次，然後再將各層次所包含的事項再區分為個別的作業中心。這四個層次列示如下：

1.單位層次作業

此類活動是指成本之總數與產出之數量成正比之作業活動，例如，切割作業、研磨作業、上漆作業等。由於傳統成本制度即是將所有間接製造成本均以產出數量或其相關變數為分攤依據。因此，此層次之作業活動愈少之公司，採用作業基礎成本制度之效果愈顯著。

2.整批層次作業

包括採購下單、機器整備、銷貨運送及材料點收等作業。整批層次的成本通常與處理的批數有關，不受處理的數量所影響，例如，不論一次訂購一個單位或五千個單位，每次訂購成本都不會有所改變。因此，整批層次作業的成本取決於批數而非各批次之數量。

3.產品層次作業

是指與特定產品有關的作業，其作用在於支援該產品的生產，與其他產品無關，舉例而言，某些產品需檢驗，而某些產品則不必。因此，品質檢驗是屬於產品層次作業，其他的產品層次作業包括持有零件存貨、下達工程變更指令、開發特殊測試方法等。

4.設施層次作業

與整廠生產作業有關，無法追溯到特定的批次或產品上。這方面的作業事項包括工廠管理、保險、財產稅及員工休閒設施等。

以上所述每一層次各項作業活動所發生之成本，可視為一個成本庫，亦可視成本發生性質之不同再細分為若干成本庫，每一成本庫內之作業活動同質性愈高，則作業基礎成本制度效果愈佳。

作業基礎成本制實施步驟

確認作業中心

蒐集各項成本

辨認成本與作業之關係

將成本攤入各項作業

確認各項作業之成本動因

將作業成本攤入各項產品

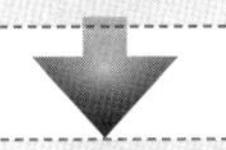

將直接成本直接歸屬至成本標的

作業中心4個層次

層　級	作　業	作業成本動因
1.單位層次作業	研磨	機器小時
	切割	機器小時
	上漆	人工小時
2.整批層次作業	機器整備	整備次數
	採購作業	採購訂單次數
	材料驗收	驗收次數
3.產品層次作業	產品設計	設計時數
	零件管理	零件種類數
	產品測試	測試時數
	品質檢驗	檢驗時數
4.設施層次作業	廠房管理	面積
	人事行政與訓練	員工人數

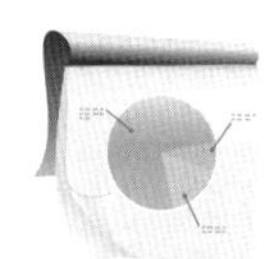

Unit 10-5 作業基礎成本制(五)

二、會計處理（續）

(三)選擇成本動因

1.初步階段成本動因：廠商都會選擇直接將成本計入作業中心，以免計算成本時發生扭曲。舉例而言，若某公司界定出材料搬運作業中心，則可以將所有直接與材料搬運有關的成本都計入此一作業中心。這類成本包括薪資、折舊及各種物料。某些與材料搬運有關的成本，可能是來自於若干個作業中心共用的資源，這類成本就必須依據某些第一階段的成本動因（資源動因）來將之分配到各個作業中心。

2.主要階段成本動因：兩段式成本計算過程的第二個階段，是將作業中心所累計的成本分配給個別產品。此時，必須選擇並使用第二階段的成本動因（作業成本動因）為分攤基礎。

(四)成本交叉補貼

間接成本的分攤方式， 可能會造成成本交叉補貼的現象。由上面的釋例中，從作業基礎成本制度所求得之單位成本可知，在傳統兩段式成本分攤制度下，產量較大之普通型產品的成本被多分攤，而產量較少的精密型產品則少分攤。當公司的某些產品之成本被多分攤時，必然也有些產品之成本被少分攤。產品成本一旦被多分攤或少分攤時，成本交叉補貼的現象就會存在。所謂成本交叉補貼，是指一企業之某些產品因其成本多分攤，造成若干其他產品成本少分攤之結果。交叉補貼一旦存在，就會造成成本扭曲。

(五)ABC應用於服務業

作業基礎成本制度原先被視為專屬於製造業的工具，但目前已經推廣到服務業中。服務業實施此一制度的成敗關鍵，在於能否界定出產生成本的作業事項，以及能否記錄每一項服務中涉及多少作業事項。

服務業採用作業成本法時，往往會發生兩個問題，其一是業者的成本大部分屬於設施層次，無法追溯到特定的服務事項上；其二是業者的許多作業事項都屬於非重複性而無法自動化的人工作業，因此很難掌握有關作業事項的資料。舉例而言，在工廠中可以用條碼閱讀機自動記錄通過測試中心的批次，但是在記錄護士每次為病人量血壓所花的時間方面，卻沒有類似的設施可供使用。但不論如何，包括醫院、銀行及資訊服務業在內的許多服務業者，都已經開始採用作業基礎成本制度。

(六)作業制成本管理(Activity-Based Cost Management, ABCM)

所謂「作業制成本管理」，係指採用ABC去改善並管理企業的活動，它能引導企業在強力的競爭環境下，應採取何種策略以改善企業運作；易言之，作業制成本管理即為作業制成本與作業制管理之結合。

ABC和ABM是不同的。ABC是提供資訊，而ABM是使用資訊對產出做各種不同的分析，並不斷的改進。

適用ABC之情形

1.高額的製造費用

作業基礎成本制度

2.對現存的成本資訊精確度缺乏信心

3.廣泛多變的營業活動

4.廣泛多變的產品範圍

5.已改進電腦技術

作業基礎成本制度優缺點比較

	項目	說明
優點	1.成本計算較正確	提高產品成本之歸屬性，使成本計算更正確。
	2.攸關性	使成本與決策方案之間更具攸關性，可作更正確之決策。
	3.加強成本控制	提供各項作業資訊，有利於管理者評估各項作業之績效及合理性，俾採必要措施，加強成本控制。
缺點	1.成本忽略	在會計準則規定下，產品僅含製造成本，因此公司即使用ABC，產品成本仍忽略研發、設計、行銷等成本，導致產品成本資料不完整，使管理者之決策可能產生誤導。
	2.成本動因確認不易與任意性分攤	某些作業活動之成本動因確認不易，須以人為主觀判斷，因此降低成本之精確性，此亦為作業基礎成本制度被批評的原因。
	3.施行效益未必高於成本	實施ABC後，須耗費較高之衡量成本，故有時實施效益不見得高於成本。

Unit 10-6 平衡計分卡

平衡計分卡（Balanced Scorecard）即為將策略具體行動化的主要工具，此外在平衡計分卡中的指標有財務性及非財務性，也有領先及落後指標，因此可看出平衡計分卡不同於過去只用會計淨利等財務性的指標來衡量績效。

一、實行平衡計分卡的基本原則

實行平衡計分卡後，公司可將人力資源、資訊科技、預算及資本投資等整合及聚焦到整個策略方向上，這樣可達到整合的效果，形成以策略為「焦點」的組織，具有以下五項基本原則：1.將策略轉化成營運之術語。2.將組織連結至策略。3.使策略成為每個人每天的工作。4.使策略成為持續性的過程。5.透過高階主管的領導，驅動組織之變革。

因此，在新紀元之下，由過去「以預算為焦點的管理控制系統」將轉變成「以平衡計分卡為焦點的策略性管理系統」。（註：國立政治大學會計系教授吳安妮，〈策略為焦點的組織——平衡計分卡式的公司如何在新企業環境中取勝（一）〉。會計研究月刊，第184期。）

二、平衡計分卡的四大構面

除此之外，平衡計分卡也發展出以下四大構面：

(一)財務面：財務的績效衡量可使管理當局立即瞭解企業的經營狀況及獲利情形，而此指標也是管理當局及公司股東最關心的指標，其衡量指標包括五力分析、銷貨成長率、投資報酬率、資產報酬率、投資還本期間及近年來流行的附加經濟價值（EVA）。

(二)顧客面：係在衡量各業務單位對顧客及市場的績效，其衡量指標包括顧客滿意度、顧客忠誠度、新產品接受度、各顧客結構之成長率、準時送貨率以及市場占有率等。

(三)內部程序面：其衡量指標包括產品改良設計、產品創新開發及營運流程的持續改進。

(四)學習及成長面：此一指標可以衡量企業或是員工的學習及成長能力，其強調企業需不斷的學習及成長，才能保有競爭力，其衡量指標包括員工的技術再造、員工教育訓練時數、員工留職率、資訊科技和系統的加強、企業特定的技術以及員工滿意度等。

由於企業正處於從工業時代的競爭轉移至資訊時代的競爭，傳統的成本管理模式受到環境相當大的挑戰，企業不得不培養長期的競爭能力，以面對雙重壓力，於是發展出平衡計分卡制度，一方面保留了傳統財務面的衡量方式，另一方面也兼顧了新環境下對顧客、供應商、員工、流程、科技與資訊的重視，如此才能兼容並蓄創造出企業的未來價值。

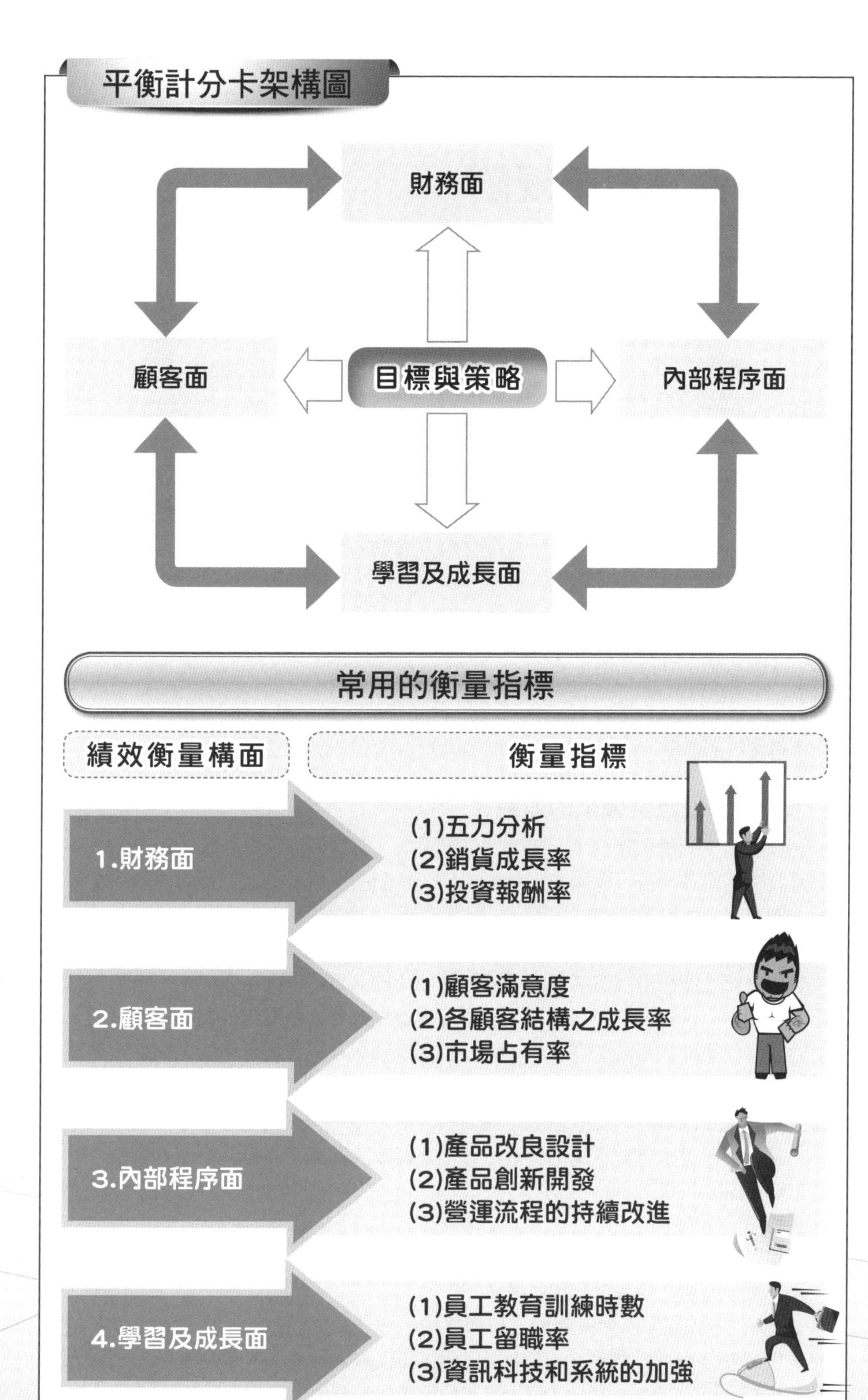
平衡計分卡架構圖
財務面
顧客面
目標與策略
內部程序面
學習及成長面
常用的衡量指標
績效衡量構面
衡量指標
1.財務面
(1)五力分析
(2)銷貨成長率
(3)投資報酬率
2.顧客面
(1)顧客滿意度
(2)各顧客結構之成長率
(3)市場占有率
3.內部程序面
(1)產品改良設計
(2)產品創新開發
(3)營運流程的持續改進
4.學習及成長面
(1)員工教育訓練時數
(2)員工留職率
(3)資訊科技和系統的加強

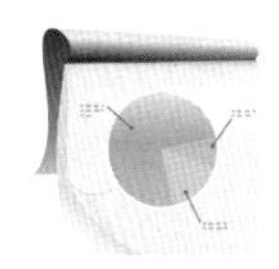

Unit 10-7 企業資源規劃

在現今這個競爭激烈的環境中，企業為求永續生存，除了維持本身的經營品質外，更必須隨時注意外在環境的改變，尤其是現在資訊科技如此發達，顧客與競爭者的任何變動，對於企業經營都會產生很大的影響。所謂「企業流程再造」就是管理者因應這個變動頻繁、資訊快速流通，以及十倍競爭的環境，所從事的必要工作。

一、流程再造須借重資訊科技與管理

流程再造除了組織應發揮其靈活的應變力，並力求溝通順暢外，也需借重資訊科技來匯總與整合全公司的營運訊息。而企業資源規劃（ERP）就是一個結合科技與管理的新觀念，整合企業價值鏈內的各種資訊，以利企業在經營運籌中，可藉著資訊的有效整合，達到縮短生產時程、降低成本、增加彈性，俾使企業有能力適時提供顧客所需，以提升產品或服務的水準。

客戶導向的ERP是由生產導向的MRP I（物料需求規劃）及MRP II（製造資源規劃）演進而來的，係利用網路資源協助企業控管財務、人事、供應鏈、製造、業務行銷等五方面的執行成果。（註：美商甲骨文公司臺灣區總經理何經華（1999），〈企業資源規劃與價值基礎管理〉）。

二、ERP之特性及其帶來的效益

ERP具有下列兩個特性，一是商業智慧系統，可提供高階主管關於企業內、外部正確且及時的訊息，並可模擬未來狀況；另一是商業決策分析，可藉由資訊的掌握，在最短的時間內做出最正確的決策。

由於企業資源規劃系統所涉及的範圍廣，在建置過程中有太多事情要做，有些公司主管覺得可立即取得決策所需資訊，有助於決策品質的提升。運用電子商務來結合企業資源規劃、供應鏈管理、顧客關係管理，重點為企業創造價值和提升競爭力。藉著結合企業前臺與後臺的營運資料，如此跨部門資訊可相連結，使管理者能及時取得決策所需的資訊，以瞭解市場動態和部門績效，更期望管理者能時時掌握資訊，處處能做出最佳決策之境界。在整個電子商務營運的環境中，企業資源規劃系統扮演著重要的角色，可說是所有資料庫的核心，其帶來的效益有：

1.縮短作業時間；

2.資訊快速處理；

3.較好的會計處理；

4.為電子商務交易奠定良好基礎。

企業e化已經成為必然的趨勢，採用電子化作業之前的首要工作，必須重新檢討既有的管理制度與會計制度，再研擬出適用於e化經營環境的典章制度，作為導入企業資源規劃系統的基礎，才能協助企業在新世紀提升價值。

三、導入ERP系統時要定期討論營運活動

一般企業營運活動可大致分為八大循環（如下圖所示），在導入企業資源規劃系統之時，針對既有的管理制度與會計制度，公司管理階層需要定期討論在這八大循環內，人工作業與電子化作業的差異，以及研究如何將書面表單轉換成電子表單，同時考慮到在各個循環內的控管機制需要作哪些調整，才不會因作業電子化而失去應有的內控功能。有些公司會藉著推行ISO9000品質保證制度從事品質管理等活動，來評估各項作業是否達成品質水準的要求，更有助於企業提升經營效率。

一般而言，公司的管理制度和會計制度要先調整成適用於電子化的經營環境，再談導入新資訊系統也不遲，輔以內外部教育訓練，協助員工進行績效診斷。如此，各單位電腦化的數據能具有真實性，可快速提供管理者經營決策的參考資訊，才能夠真正地協助企業提升經營績效。

第10章習題

一、選擇題

( ) 1. 請問廠房管理是屬於哪個層級的作業？
(A) 單位層次作業
(B) 產品層次作業
(C) 設施層次作業
(D) 整批層次作業。

( ) 2. 請問機器整備是層於哪個層級的作業？
(A) 單位層次作業
(B) 產品層次作業
(C) 設施層次作業
(D) 整批層次作業。

( ) 3. 請問資產報酬率屬於平衡計分卡中的哪個構面？
(A) 財務面
(B) 顧客面
(C) 內部程序面
(D) 學習及成長面。

( ) 4. 請問以下選項，何者不是顧客面？
(A) 新產品接受度
(B) 市占率
(C) 顧客忠誠度
(D) 員工訓練。

( ) 5. 下列何者不是傳統成本管理制度的特性？
(A) 強調以財務報告來引導
(B) 不強調成本控制
(C) 半變動成本當為變動或固定成本
(D) 重視財務會計衡量之激勵。

二、問答題及計算題

1. 何謂ERP？其特性為何？採用ERP時，需考慮的因素為何？

2. 傳統成本會計分攤制度在產品成本計算上有何缺點？為何ABC「作業基礎成本制

度」可以克服其缺點？

3. 碁宏公司生產兩種產品：A產品及B產品。下列資料是兩產品之成本資料：

產品	數量	機器小時	直接人工小時	開工準備次數	運送訂單個數	零件數	直接材料
A 產品	1	100	50， 每小時$200	10	20	50	$12,000
B 產品	8	800	400， 每小時$200	20	60	50	$96,000

另外，關於間接製造費用之資料如下：

作業中心	成本動因	每一單位成本動因之成本
材料處理	零件數	$0.40
壓磨	機器小時	30
碾碎	零件數	1.00
裝運	運送訂單個數	1,000
開工準備	開工準備次數	2,000

試求：

(1) 依直接人工小時作為間接製造費用之分攤基礎，分別計算兩產品之單位成本為何？

(2) 依作業基礎成本制度，分別計算兩產品之單位成本為何？

(3) 上列兩計算產品成本是否有差異？若有，差異原因為何？

4. 政隆公司專門製造航空零件，目前所使用的製造成本制度有兩類直接產品成本（直接原料與直接勞工），並只使用一個間接製造成本總類來分攤間接製造成本。其分攤基礎是直接人工小時。間接成本分攤率是每直接人工小時$5。

公司現在正由以人工為主的製造轉而以機器為主。最近，工廠管理人員建立了五項作業範圍，每一作業皆有自己的監管人員及預算責任。有關資料如下：

作業中心	成本動因	每一單位成本動因之成本
材料處理	零件數	$ 0.40
車床	運轉次數	0.20
研磨	機器小時數	20.00
磨光	零件數	0.80
出貨	出貨之訂單數	1,500.00

最近，經由此航空零件之新制度所處理的兩張訂單有如下特性：

	訂單598號	訂單599號
每批工作之直接原料成本	$9,700	$59,900
每批工作之直接人工成本	750	11,250
每批工作之直接人工小時數	25	375
每批工作之零件數目	500	2,000
每批工作之運轉次數	20,000	60,000
每批工作之機器小時數	150	1,050
每批工作之訂單數	1	1
每批工作之產品數量	10	200

試求：

(1) 在現存製造成本制度下，算出每批工作的單位製造成本？（間接成本全部歸為一類，並以直接人工小時作為分攤基礎）

(2) 假設公司採行作業基礎成本制度。間接成本分別按五項活動歸類，並歸納為一總類。算出作業基礎成本制度下，每批工作單位製造成本為何？

5. 德華公司生產A、B兩產品，其成本資料如下：

產品	每單位直接人工時數	每年產量	直接人工時數合計
A產品	1.8	5,000單位	9,000
B產品	0.9	30,000單位	27,000
合　計			36,000

德華公司其他相關資料如下：

(1) A產品每單位需要$72的直接材料，B產品則需要$50。

(2) 直接人工之工資率是每小時$10。

(3) 該公司一向依據直接人工時數來分配製造費用，每年製造費用為$1,800,000。

(4) A產品的製造過程比B產品複雜，且需要特殊的機器設備。

(5) 該公司考慮改用作業基礎成本制度來分配製造費用，目前已界定出下列三個作業中心及其相關成本資料：

作業中心	成本動因	作業成本	A產品	B產品	合計
機器整備	整備次數	$ 360,000	50	100	150
特殊加工	中央處理單元時數	180,000	12,000	–	12,000
工廠一般費用	直接人工時數	1,260,000	9,000	27,000	36,000
合　計		$1,800,000			

試求：

(1) 假定德華公司繼續用直接人工時數來分配製造費用。

①計算製造費用預計分攤率？

②計算兩種產品之每單位成本？

(2) 假定公司決定改用作業基礎成本制度來分配製造費用。

①將各作業中心歸類為單位層次、整批層次、產品層次或設施層次。

②計算各作業中心之製造費用分攤率，以及應該計入各產品之製造費用金額？

③說明作業基礎成本制度下，製造費用為何會從大量生產的產品轉到少量生產的產品上？

第10章解答

一、選擇題

1. (C)　2. (D)　3. (A)　4. (D)　5. (B)（說明：傳統成本管理制度強調成本控制）

二、問答題及計算題

1. (1) ERP為企業資源規劃（Enterprise Resource Planning）的簡稱。企業資源規劃正是電子商務中的一環。電子商務大致上分為兩種，一種是企業對企業之間的資訊連結，另一種則是企業對顧客，例如，顧客可以利用信用卡或電子錢包在網路上下單。企業資源規劃屬於前者。ERP系統是企業用以連結企業內部供應鏈的資訊系統，將各個資訊整合起來，提供管理者迅速獲得相關資訊，分析客戶訂單與成本，並隨時瞭解市場動向，訂定因應決策。

   (2) 由於ERP不僅改善了以往的物料需求規劃（MRP I）、製造資源規劃（MRP II）及電子資料處理（EDP）系統，更將企業內部包括財務、會計、人力資源、生產、配送、銷售等整個組織運作及作業流程所需的作業資訊，藉由流程再造與資訊技術的運用作有效的整合。所以，ERP不僅只是一項資訊技術（IT）的產品，更是結合了商管知識與經營經驗的整合式電子商務系統，充分展現經營資源最佳化的重要性，揭示了未來可能的運作模式與商業趨勢。

   (3) ① 企業流程再造規劃：由於近年來企業均以傳統生產導向轉為以顧客為導向來創造企業價值最大化，所以導入企業資源規劃系統，藉以資訊的整合，及時的提供客戶及供應商有用的資訊。但是導入ERP 系統的前提必須是企業擁有完整的流程，讓企業整體與ERP 更契合。所以，公司首要建立企業的經營目標，訂定策略來達成，並明確的界定公司整個組織架構和營運標準，來支持ERP系統的導入，因此初期的規劃工作非常重要。

   ② 效益評估：ERP 系統的導入是一項重大的工程，成本浩大。而且從系統的設計、建置、測試到維護，所需的時間非常久，若企業未考慮本身實際情況，只是一味的趕潮流，所支付龐大的開發成本及諮詢管理費用會大於ERP 為企業帶來的效益，達到反效果。所以應採用適當的衡量工具，例如，以成本效益分析計算投資報酬率或以價值基礎管理（VBM）模式中的各項衡量指標來評估長短期的附加市場價值（MVA），此時ERP的運用更牽涉到了財務管理的決策觀念。

   ③ 導入ERP系統：因為產業特性及各公司的實際營運狀況有相當大的差異，ERP系統可自行設計選擇性的增加一些外掛模組或向外購置，應完全考量企業的需求，並且漸進式的採用。另外，在整個導入過程中，高階主管的全力

支持及內部人員的協調配合往往是成功的關鍵。面對一個愈新的環境，變革管理（Change Management）所要處理的問題也就愈重要。

④ 其他：現在的企業均以資訊科技創造市場優勢，紛紛朝向全球化的作業模式發展，所以光靠ERP是不夠的。如果企業能配合全球運籌和電子商務有效連結企業的內部供應鏈，以增加時效、減少成本、提升產品及服務的品質，使ERP的效能最佳化。

2. (1) 傳統成本會計分攤制度之缺點：①間接成本分攤過於粗略；②產品成本僅包含製造成本；③重視成本之累積而輕忽成本之控制。

(2) 作業基礎成本制度之優點：①間接成本按作業活動區分成較多的成本庫，能較單一成本庫之分攤更正確，更利於做成最佳決策；②藉分析作業活動及相關成本，可使管理當局瞭解資源運用的情形，對各作業成本能有效規劃及控制；③使責任歸屬更加明確。

3. (1) 間接製造費用總額＝0.4×100＋30×900＋1×100＋1,000×80＋2,000×30＝$167,140

每人工小時分攤率＝$167,140÷450＝$371.42

間接製造費用分攤：

A 產品＝$371.42×50＝$18,571

B 產品＝$371.42×400＝$148,568

	A 產品（1,000 單位）		**B 產品（8,000單位）**	
	總成本	單位成本	總成本	單位成本
直接材料	$12,000	$12	$96,000	$12
直接人工	10,000	10	80,000	10
間接製造費用	18,571	18.571	148,569	18.571
合　　計	$40,571	$40.571	$324,569	$40.571

(2)

	A 產品（1,000 單位）		B 產品（8,000 單位）	
	總成本	單位成本	總成本	單位成本
直接材料	$12,000	$12	$96,000	$12
直接人工	10,000	10	80,000	10
間接製造費用				
材料處理	$ 20	$0.02	$ 20	$0.0025
壓磨	3,000	3	24,000	3
碾碎	50	0.05	50	0.00625
裝運	20,000	20	60,000	7.5
開工準備	20,000	20	40,000	5
間接製造費用合計	43,070	43.07	124,070	15.50875
合　　計	$65,070	$65.07	$300,070	$37.50875

(3) 由上計算可看出傳統以人工小時為分攤基礎及作業基礎成本制度之產品成本有相當大之差異。主要原因為該公司間接製造費用中大部分發生之成本動因與人工無關，故若以人工為基礎分攤，顯然會造成成本扭曲，故作業基礎成本制度以作業中心歸屬製造費用，並以各該作業之成本動因為分攤基礎，顯然能獲得較正確之成本資訊。

4. (1)

	批次單**598**	批次單**599**
直接材料成本	$9,700	$59,900
直接人工成本（25；375）×$30	750	11,250
間接人工成本（25；375）×$115	2,875	43,125
製造成本總額	$13,325	$ 114,275
每批次之單位數	÷10	÷200
每批次之單位製造成本	$1,332.5	$ 571.375

(2)

	批次單**598**	批次單**599**
直接材料成本	$9,700	$59,900
直接人工成本（25；375）×$30	750	11,250
間接製造費用		
材料處理（500；2,000）×$0.4	$200	$ 800
車床（20,000；60,000）×$0.2	4,000	12,000
研磨（150；1,050）×$20	3,000	21,000
磨光（500；2,000）×$0.8	400	1,600
出貨（1；1）×$1,500	1,500	1,500
間接製造費用合計	9,100	36,900
製造成本總額	$19,550	$108,050
每批次之單位數	÷ 10	÷ 200
每批次之單位製造成本	$ 1,955	$540.25

5. (1) ①製造費用$1,800,000／直接人工時數36,000＝每直接人工小時$50

②

	A 產品	**B** 產品
直接材料	$ 72	$ 50
直接人工（1.8；0.9）×$10	18	9
製造費用（1.8；0.9）×$50	90	45
總成本	$ 180	$ 104

(2) ①

作業中心	作業層次
機器整備	整批層次
特殊加工	產品層次
一般工廠費用	設施層次

② 預計分攤率：

作業中心	可追溯製造費用	預計作業量	製造費用預定分攤率
機器整備	$360,000	150 次整備	$2,400 / 整備
特殊加工	180,000	12,000PU 分鐘	$15 / PU 分鐘
一般工廠費用	1,260,000	36,000 直接人工小時	$35 / 直接人工小時

各產品分攤之製造費用：

	A 產品	B產品
機器整備（50；100）×$2,400	$120,000	$240,000
特殊加工12,000×$15	180,000	–
工廠一般費用（9,000；27,000）×$35	315,000	945,000
分攤製造費用總額	$615,000	$1,185,000

③ 先計算每單位產品分攤之製造費用：

	A 產品	B產品
分攤製造費用總額	$615,000	$1,185,000
生產數量	5,000	30,000
每單位分攤之製造費用	$123	$39.50

再計算每單位產品之總成本：

	A 產品	B 產品
直接材料	$72.00	$50.00
直接人工（1.8；0.9）×$10	18.00	9.00
製造費用	123.00	39.50
總成本	$213.00	$98.50

故A產品單位成本由$180提高到$213，B產品則由$104降為$98.50。製造費用由大量生產的B產品轉移到少量生產的A產品，原因是採用作業基礎成本制度之後，需要特別處理的A產品分攤較多的費用。

第 11 章

預算與利潤規劃

章節體系架構 

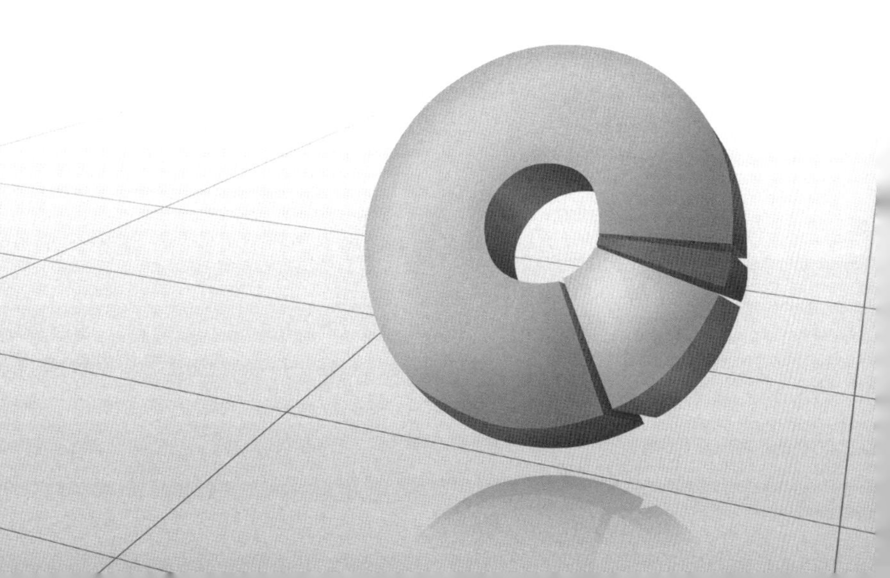

Unit 11-1
預算的基本概念

預算與利潤規劃係屬同義辭，利潤規劃係一為達成組織目標的營運計畫，而預算則是以財務性資料或其他數量化資訊表達的計畫。利潤規劃應包含下列項目：詳細的營運計畫、長短期之預計損益表、資產負債表及現金預算。

一、預算的意義

預算乃是一種涵蓋未來一定期間內所有營運活動過程之計畫，並以數量化之資訊加以表達。

二、預算的功能

(一)策略與規劃功能

預算強迫管理階層先展望未來，並準備因應環境的變動，此種功能是預算對管理當局最大的貢獻。策略分析強調長期和短期規劃，而規劃則引導預算的形成，因此策略規劃與預算是彼此相關且相互影響的。

(二)溝通及協調功能

預算的編制，站在企業整體之立場，對各部門的預算方案作綜合性的溝通、協調，從而決定企業的整體目標。

(三)激勵功能

各部門人員參與預算之編制，則因各項標準是在各部門人員親自參與之下所共同制定，故較為合理且可達成，且較易使其認同，從而產生激勵員工自動自發，努力達成工作目標之效果。

(四)資源分配功能

企業資源是有限的，預算就是資源分配決策準則，可將資源合理地分配給能獲得最大利潤者，因而能減少無效率或浪費的行為發生，達成資源最適分配的效果。

(五)營運控制及管制功能

採用標準的好處，在於能讓管理者瞭解他們的預期目標。預算可被視為一種標準，將實際結果與預算作比較，管理者就可於其中找出差異並分析原因，進而採取更正的行動。

(六)成本意識之提升

預算可使組織成員普遍具備利潤意識及成本意識，培養充分利用資源之態度。

(七)績效評估功能

預算可以提供衡量績效及評估管理階層能力之標準，透過實際的結果與預定的目標比較，可以評估個人或企業之績效。例如管理者可利用實際的結果與預算數來比較，並分析兩者差異的原因，若發現有誤差或偏離企業目標時，應提出方法改正。

實施預算應具備的要件

項次 

必須有高階主管的全力支持

項次 

必須權責劃分明確，採用責任會計制度

項次 

所選定的目標必須是合理可達成的

項次 

一個完善的企業預算必須以企業利潤為依歸

項次 

優良的企業預算必須能適應動態的環境變化

項次 

有效的預算制度必須重視「人性面」

項次 

預算制度之設計與施行，應配合外在環境與組織結構

預算制度的運作程序

提供標準

可與實際數作比較。

調查差異

當實際結果與計畫發生差異時，應予以調查並做改正動作。

重新再規劃

規劃執行結果的反應與外在環境的改變，重新再規劃。

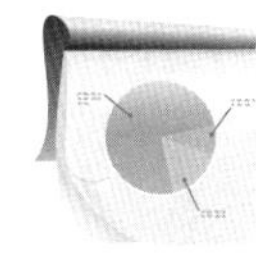

Unit 11-2 預算的種類(一)

一、整體預算

整體預算（Master Budgeting）可以說是所有預算制度中對企業最重要的預算，而所謂整體預算，為某一企業對未來計畫及目標之總和。它係由表達銷售、生產、財務各項活動的許多個別預算及明細表所構成，每個都是有關聯的。茲以右圖表示。

整體預算的編制步驟如下：

1.預估下年度銷售量及銷售價格，編制銷售預算。

2.根據預估之銷售量，並考慮既有之期初存貨與應有之預估期末存貨，編制生產預算。

3.由生產預算得知本期耗用之生產成本，編制直接材料預算（包括採購預算）、直接人工預算及製造費用預算。

4.預估行銷費用及管理費用，編制銷管費用預算。

5.根據上述預算，編制預計損益表。

6.估計未來資本決策，編制資本預算。

7.根據資本預算及上述各營業預算，估計未來現金需求，編制現金預算。

8.根據營業預算及財務預算，估計未來現金需求，編制現金預算。

9.根據預計損益表及預計資產負債表，編制預計現金流量表。

二、作業制預算

作業制預算（Activity-Based Budgeting）係以產品生產、銷售與服務所需之作業成本為規劃中心之一種預算編制方式，因為作業制成本會計制度比傳統成本會計制度提供了更詳細、更正確的作業資訊，亦提供了多種成本動因資訊，因此，作業預算制對間接成本之估計特別具有價值。

作業制預算的編制步驟如下：

1.決定每一作業活動的單位預算成本。

2.根據銷售或生產目標，決定每一作業活動的耗用量。

3.計算執行每一作業之預算成本。

4.彙總每一作業預算成本，決定成本預算。

三、Kaizen預算（Kaizen Budgeting）

Kaizen預算是日本企業所提出的一種新式預算制度，Kaizen代表不斷改進之意。Kaizen預算成本法係以未來改進作為成本預算之一種預算方法，在Kaizen預算法下，企業必須分析目前情況，尋求及確定改善目前處理過程之方法。預算人員則估計改善方法對財務之影響，並計算執行改善方案之成本。因此，Kaizen預算最大的特徵在於其係基於執行之改善方案而編制，強調對目前現況之改善，除非改進達成，否則預算不算完成。

整體預算圖

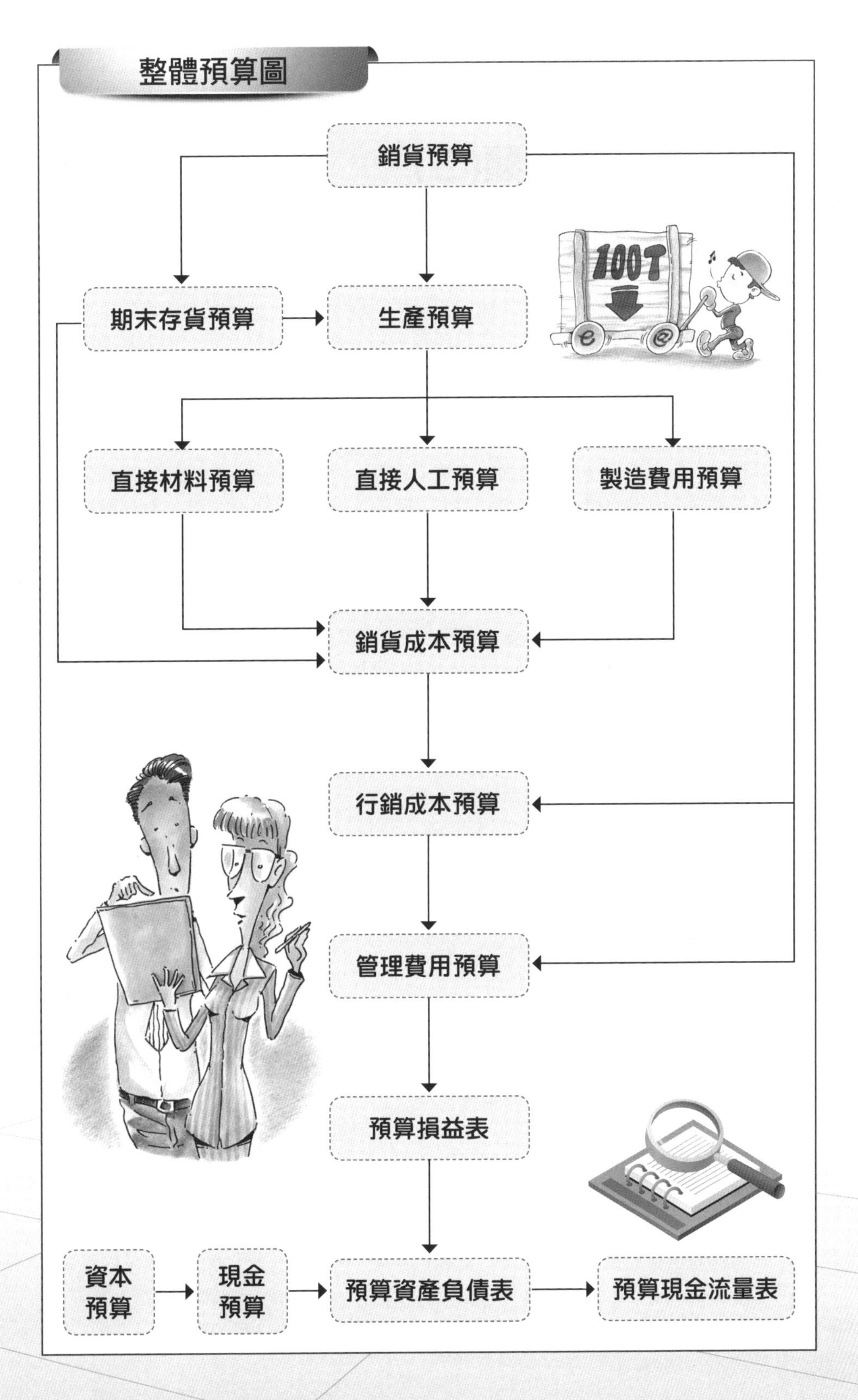

銷貨預算
期末存貨預算
生產預算
100T
直接材料預算
直接人工預算
製造費用預算
銷貨成本預算
行銷成本預算
管理費用預算
預算損益表
資本預算
現金預算
預算資產負債表
預算現金流量表

Unit 11-3 預算的種類(二)

四、零基預算

在傳統編制預算的方法下，可能會產生二項缺點，一項是傳統的預算編制是以過去的結果作為重要依據，因此個人或部門現在的績效愈好，則將來無法達到預算的可能性會愈高，此時可能會造成個人或部門產生較無效率的行為，另一項則是容易產生去年有的預算今年也要有，不管是否需要，此時會產生資源浪費或無效率的情形。而所謂零基預算（Zero-Based Budgeting），是有別於傳統編制預算方式，此一制度不參考上年度或以前企業所作的編列的預算高低，而是要求每一管理階層編制預算要自「零」開始，對所有業務均做詳細的查核、分析、考核，以刪除無效而重複的預算方案，以達到降低資源浪費或無效率的情形。此外，這項預算的程序要求管理階層將各種活動與作業，依其重要性或效益大小，排列優先順序，俾供高級主管決策之參考。

(一)目的

零基預算的主要目的在於要求管理當局不得滿足現狀，必須對所有的業務加以評估，以求及時發現效益不彰的作業，杜絕資源的浪費，並消除無效率的計畫方案。對於各項作業的優先順序亦加以重新排列修正，供發生例外重大事件的處理依據。

(二)編制步驟

1.訂定預算目標

零基預算係以未來目標之有效達成為使命，故預算目標的訂定，需有各部門主管共同參與、協調、溝通意見，始可有效達成。

2.確立預算單位

將整個組織劃分為若干部門，各部門為一預算單位，有其個別預算目標。

3.建立決策方案

(1)預算單位的業務目標。

(2)未執行該項業務可能產生的結果。

(3)該項業務的績效衡量。

(4)其他可行的替代方案。

(5)該項決策的成本及效益分析。

4.評估決策方案，並排列優先順序

將所有決策方案依其重要性或利益大小，排列優先順序，並由基層開始，逐層呈送上級主管人員核定，重新合併排列優先順序，反覆進行至最高管理當局編定最後的優先順序為止。

5.核定資源的分配，並完成預算

由最高管理當局預測未來可支配資源的多寡，俾在可支配的水準之內，依決策方案的優先順序，核定資源的使用。

零基預算編制步驟

1. 訂定預算目標

2. 確立預算單位

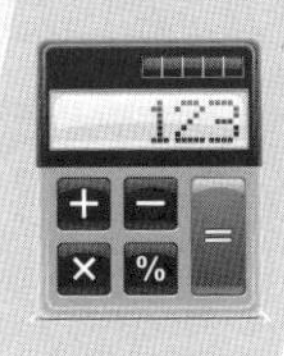

3. 建立決策方案

4. 評估決策方案，並排列優先順序

5. 核定資源的分配，並完成預算

作業制預算編制步驟

1. 決定每一作業活動的單位預算成本

2. 根據銷售或生產目標，決定每一作業活動的耗用量

3. 計算執行每一作業之預算成本

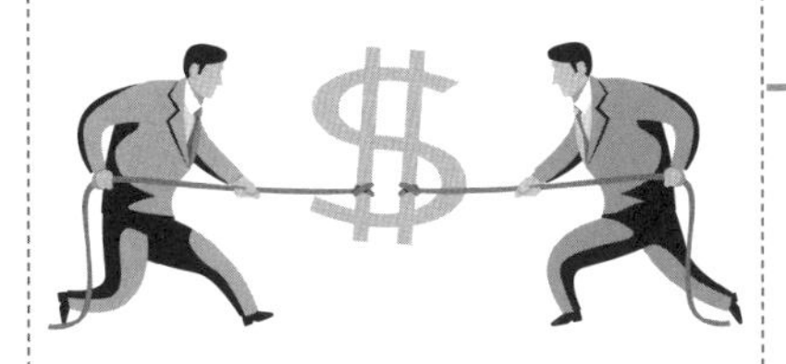

4. 彙總每一作業預算成本，決定成本預算

第11章習題

一、選擇題

( ) 1. 以下何者為預算的功能？
(A) 激勵功能
(B) 資源分配功能
(C) 績效評估功能
(D) 以上皆是。

( ) 2. 生產預算係基於：
(A) 線性規劃
(B) 銷貨預算並調整存貨水準
(C) 迴歸直線
(D) 學習曲線。

( ) 3. 下例何者非營業預算的組成項目？
(A) 資本預算
(B) 銷貨預算
(C) 存貨預算
(D) 管理費用預算。

( ) 4. 勝利公司原料期初存貨為1,200磅，公司預計降低40%之原料存貨，若本期預計生產產品8,400單位，銷售8,000單位，每單位產品須用2.5磅原料，則本期應採購的原料數量為？
(A) 16,00
(B) 10,000
(C) 20,000
(D) 16,200。

( ) 5. 明球公司預計期末存貨為80,000單位，公司期初存貨為60,000單位，本年度預計生產完工500,000單位，則本年度預計銷售量為若干單位？
(A) 510,000
(B) 610,000
(C) 480,000
(D) 580,000。

( ) 6. 利潤計畫的重點在於：

(A) 資本支出預算
(B) 成本與費用預算
(C) 銷貨預算
(D) 生產預算。

(　) 7. 當銷貨量隨著季節性變化時，對於銷貨量的預算，必須同時考量下列哪三項因素？
(A) 生產量、製成品存貨量及銷貨量
(B) 原料、在製品及製成品存貨
(C) 原料存貨、在製品存貨及生產量
(D) 直接人工、在製品存貨及銷貨量。

(　) 8.預算強迫管理階層先展望未來，並準備因應環境的變動，請問上述為預算的何種功能？
(A) 激勵功能
(B) 資源分配功能
(C) 績效評估功能
(D) 策略與規劃功能。

二、問答與練習題

1. 成功公司有甲、乙兩個製造部，甲生產A、B、C三種產品，乙生產M、N兩種產品。該公司銷貨部2012年度之銷貨量預算如下：
產品A　60,000
產品B　75,000
產品C　100,000
產品M　50,000
產品N　30,000
有關存貨預算如下：

	存製品				製成品	
	期初存貨		期末存貨			
產品	數量	完工比例	數量	完工比例	期初存貨	期末存貨
A	2,500	80%	2,000	75%	10,000	6,000
B	5,000	70%	4,000	75%	12,500	7,500
C	7,500	60%	6,000	60%	15,000	10,000
M	3,750	60%	2,500	80%	6,000	5,000
N	2,250	80%	1,500	80%	4,000	3,000

試求：2012年度生產預算。

2. 阿發公司2011年度各項預算如下：
銷貨及製成品存貨預算：

	預計銷貨		預計存貨	
產品	數量	單價	2011年初	2011年底
A	5,000	30	2,500 單位	2,500 單位
B	10,000	25	5,000 單位	5,000 單位
C	15,000	20	7,500 單位	5,000 單位

每單位產品耗料：

原料編號	A	B	C
201	3	–	2
202	2	1	1
203	–	2	–
204	–	3	–
205	5	–	4

原料存貨預算：

		預計存貨	
原料編號	單價	2011 年初	2011 年底
201	2.50	15,000 單位	14,000 單位
202	3.00	10,000 單位	12,500 單位
203	2.00	5,000 單位	7,500 單位
204	3.50	9,000 單位	9,000 單位
205	4.00	12,500 單位	12,500 單位

每單位產品所需直接人工時數及工資率預算：

產品	直接人工時數	每小時工資率
A	2	4.00
B	1	3.50
C	2	3.00

製造費用分攤率按直接人工時數為基礎，每小時$2。

試求：

(1) 銷貨預算金額。

(2) 生產預算數量。

(3) 直接原料預算數量。

(4) 直接原料採購的金額。

(5) 直接人工預算金額。

3. 大勝公司生產甲、乙兩種產品，2011年10月分蒐集下列各項資料，藉以編制2012年度之預算：

2012年度銷貨預算		
產品別	數量	單位售價
甲	15,000	20
乙	10,000	30

2012年度預計存貨數量		
產品	年初	年底
甲	10,000	6,250
乙	4,000	2,250

生產每單位甲、乙產品耗用原料如下：

原料	單位	甲產品	乙產品
A	1公斤	4	5
B	1公斤	2	3
C	1單位	–	1

2012年度原料之各項預計：

原料	預計進貨單價	2012年初存貨	2012年底存貨
A	$4.00	8,000 公斤	9,000 公斤
B	2.50	7,250 公斤	8,000 公斤
C	1.50	1,500 單位	1,750 單位

2012年度直接人工及工資率之預計：

產品	每單位耗用人工	每小時工資率
甲	2	6.00
乙	3	8.00

2012年度之製造費用，係按每一直接人工時數$2分攤。

試求：請預計該公司2012年度的下列各項預算：

(1) 銷貨預算（金額）。

(2) 生產預算（數量）。

(3) 原料進貨預算（數量及金額）。

(4) 直接人工成本預算。

第11章解答

一、選擇題

1. (D)
2. (B)
3. (A) 資本預算為財務預算
4. (D) 原料用料預算＝84,000×2.5＝21,000
   採購數量預算＝21,000＋12,000×(1－40%)－12,000＝16,200
5. (C) 60,000＋500,000－80,000＝480,000
6. (C)
7. (A)
8. (D)

二、問答與練習題

1.

成功公司
2012
年度生產預算表

產品	A	B	C	M	N
銷貨量預算	60,000	75,000	100,000	50,000	30,000
加：期末製成品存貨量	6,000	7,500	10,000	5,000	3,000
	66,000	82,500	110,000	55,000	33,000
減：期初製成品存貨量	(10,000)	(12,500)	(15,000)	(6,000)	(4,000)
	56,000	70,000	95,000	49,000	29,000
加：期末在製品存貨量	1,500	3,000	3,600	2,000	1,200
	57,500	73,000	98,600	51,000	30,200
減：期初在製品存貨量	(2,000)	(3,500)	(4,500)	(2,250)	(1,800)
約當生產數量預算	55,500	69,500	94,100	48,750	28,400

2. (1) 銷貨預算金額：

產品	數量	單價	金額
A	5,000	30	150,000
B	10,000	25	250,000
C	15,000	20	300,000
總計			700,000

(2) 生產數量預算：

A：5,000＋2,500－2,500＝5,000

B：10,000＋5,000－5,000＝10,000

C：15,000＋5,000－7,500＝12,500

(3) 與 (4)

直接原料					
	201	**202**	**203**	**204**	**205**
A產品	15,000	10,000	－	－	25,000
B產品	－	10,000	20,000	30,000	
C產品	25,000	12,500	－	－	50,000
生產所需原料數量	40,000	32,500	20,000	30,000	75,000
期末原料數量	14,000	12,500	7,500	9,000	12,500
	54,000	45,000	27,500	39,000	87,500
期初原料數量	(15,000)	(10,000)	(5,000)	(9,000)	(12,500)
直接原料採購預算數量	39,000	35,000	22,500	30,000	75,000
單價	$2.50	$3.00	$2.00	$3.50	$4.00
直接原料採購預算金額	$97,500	$105,000	$45,000	$105,000	$300,000

(5) 直接人工預算金額：

A：5,000×2×$4＝$40,000

B：10,000×1×$3.5＝$35,000

C：12,500×2×$3＝$75,000

3. (1) 銷貨預算：

甲產品：15,000×$20＝$300,000

乙產品：10,000×$30＝$300,000

(2) 生產預算：

甲產品：15,000＋6,250－10,000＝11,250
乙產品：10,000
銷貨預算15,000＋2,250－4,000＝8,250

(3) 原料進貨預算（數量及金額）：

2012 年度原料進貨預算			
	A	B	C
甲產品：11,250	45,000	22,500	－
乙產品：8,250	41,250	24,750	8,250
	86,250	47,250	8,250
加：期末存料預算	9,000	8,000	1,750
	95,250	55,250	10,000
減：期初存料預算	(8,000)	(7,250)	(1,500)
原料進貨預算（數量）	87,250	48,000	8,500
每單位預計單價	$4.00	$2.50	$1.50
原料進貨預算（金額）	$349,000	$120,000	$12,750

(4) 直接人工成本預算：
甲：11,250×2×$6＝$135,000
乙：8,250×3×$8＝$198,000
合計：$135,000＋$198,000＝$333,000

第12章

定價策略與目標成本制

章節體系架構▼

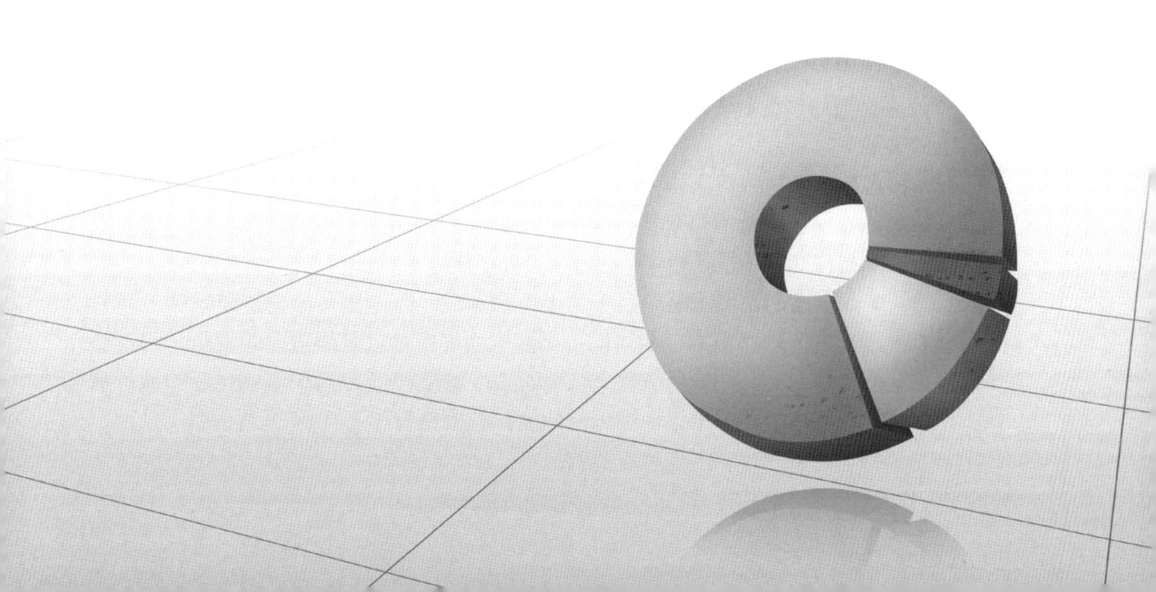

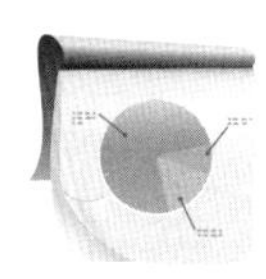

Unit 12-1 定價策略考慮的因素

影響價格的因素有很多，需綜合考慮這些因素之後，才能進行定價。而且一旦價格定好了，並不表示就不再更動，如果當初考慮的因素及環境有所改變，必須要彈性地去變更價格，以保持良好的競爭力。以下針對影響產品價格的因素做介紹，先分為內部因素及外部因素。

一、內部因素

內部因素主要指的是企業內部會影響產品價格的因素，包括產品本身及管理階層，可以分為下列幾點：

(一)產品因素：依照產品特性的不同——產品屬於一般日用品或是奢侈品，或是產品具有的特色不同——比相同產品多了其他功能或是品質程度，訂定價格的基礎及考慮因素自然會不同。在此就要提到一個觀念，就是「產品差異化」。所謂產品差異化，指的是產品定位。舉例來說，某果汁製造公司，強調其果汁純汁含量較高，因此，這家廠牌的果汁就訂了較其他廠牌高的價格。若是產品差異化很明顯，就算價格較高，也會有其消費者群。所以，訂定價格時，產品特性是一重要的考量因素。

(二)產品成本：依照產品成本的不同，價格自然會不同，由於價格一定要高於成本，故成本高，定價也要高；反之，成本低，價格就可以訂得較低，這是很直觀的概念。這裡也要提出與產品差異化同等重要的觀念，即「成本領導」。所謂成本領導，是指在同業（意指要投入相同成本）中，具有將成本降至最低的能力，使其可以訂定比同業低的價格。

(三)管理階層的預期：管理階層預期獲得利潤的多寡，也會影響產品的價格。以最基本的觀念來說，價格是建立在成本的基礎上，若管理階層預期了較高的利潤，那麼價格便會較高。

二、外部因素

外部因素指的是會影響產品價格的企業外部個體，包括顧客及同業競爭者。可以分為下列幾點：

(一)顧客需求：指的是市場上的需求情形對產品定價是很重要的，管理階層一定要站在顧客的立場去考量價格是否合理。如果價格訂得過高，會被顧客排斥，轉而尋找其他廠牌或替代商品，這對企業營運是很大的衝擊。

(二)同業競爭者的定價策略：會去考慮定價策略，就是因為市場是競爭的，而非獨占或寡占的市場。因為市場是競爭的，則競爭者的定價就是很重要的資訊，因為顧客是很精明的，若是不具明顯差異化的同類產品，顧客一定會選擇價格最低的進行購買，因此在定價前，一定要蒐集市場上同類產品的價格資訊。

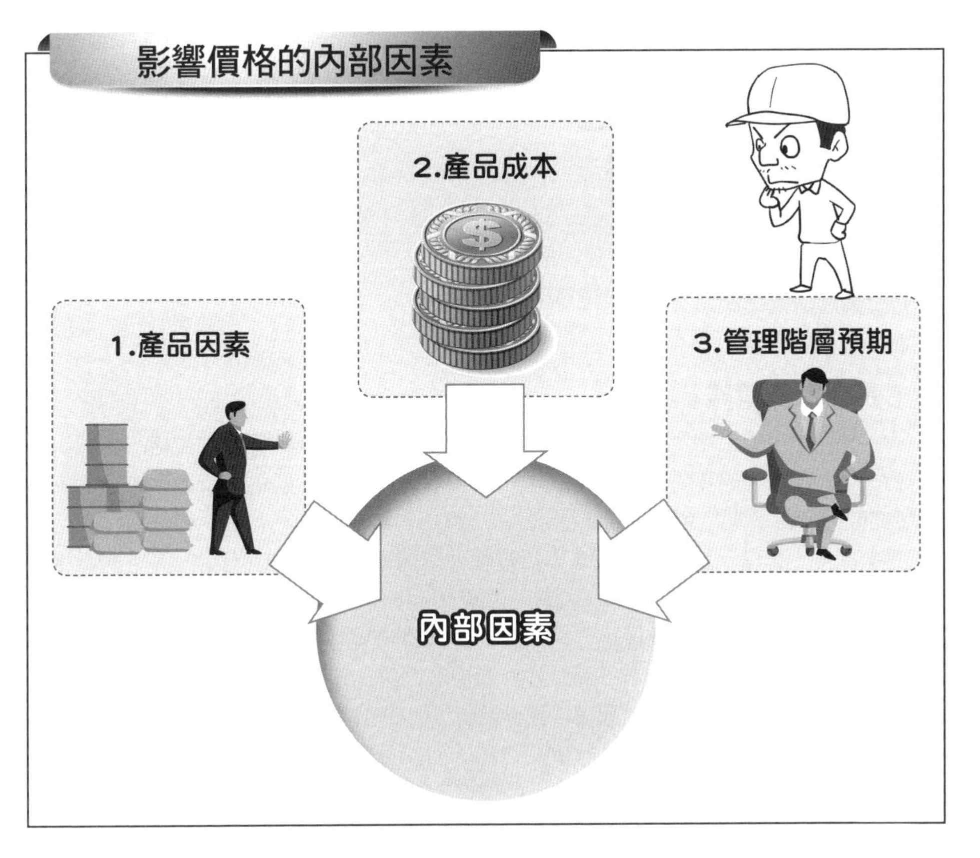
影響價格的內部因素
2.產品成本
1.產品因素
3.管理階層預期
內部因素

影響價格的外部因素
1.同業競爭者的定價策略
+
2.顧客需求
外部因素

Unit 12-2 定價策略

一、短期定價策略

所謂短期定價策略，指的是對非例行性的特殊訂單所採定價之方案對策，基本上這種訂單不常重複發生。

二、長期定價策略

所謂長期定價策略，指的是訂定一個在未來一段時間內較穩定的價格，愈穩定的價格愈有助於與消費者間關係的建立，讓消費者習慣產品的價格。所以，企業的管理階層都較傾向做長期定價策略。

實際上，沒有一定的定價方式，都是管理階層在考量許多因素後所決定的數字。一般而言，通常以成本為主要的基礎，再隨其他市場因素（如競爭者的定價）做調整。因為成本資訊較容易掌握，日常的會計紀錄都有這些資料，而且以成本為基礎，是為了避免價格訂定低於成本，導致虧損的情形發生。較常見的定價方法如下：

(一)以全部成本為加成的基礎：在此法之下，主要是考慮了回收全部成本（包括製造成本及銷管費用），以及賺得預期利潤（加成百分比）的因素。公式如下：

單位售價＝（單位製造成本＋單位銷管費用）×（1＋加成百分比）

(二)以製造成本為加成的基礎：在此法之下，由於加成的基礎為製造成本，所以銷管費用的回收便要與預期利潤考慮於加成百分比中。公式如下：

單位售價＝單位製造成本×（1＋加成百分比）

(三)以變動成本為加成的基礎：在此法之下，由於加成的基礎為變動成本，所以固定成本的回收便要與預期利潤同時考慮於加成百分比中。公式如下：

單位售價＝單位變動成本×（1＋加成百分比）

三、其他定價策略

定價的方法沒有所謂好壞，完全看管理階層重視的因素來決定價格。這裡要介紹兩種定價策略，就是管理階層為了其他目的而在價格上進行某些策略的最好例證，並非一般訂定長期穩定價格的策略。

(一)撈油式定價策略：所謂的「撈油式定價策略」是指在產品初上市時，管理階層訂定很高的價格，希望能在短時間內收回成本及賺取利潤，之後再降低售價，回復正常合理的價格。

(二)滲透式定價策略：另外一種定價策略為「滲透式定價策略」，這種定價策略與撈油式定價策略相反，在產品初上市時，訂一個很低的價格，吸引消費者注意到這項產品，以犧牲短期利潤方式來進入市場，增加市場占有率，等到市場地位穩定，再逐漸調回原來合理的價位。這種定價策略，是管理階層為了拓展市場的目的而產生的。

定價方式

定價方法	意　　義	公　　式
1.以全部成本為加成的基礎	在此法之下，主要是考慮了回收全部成本（包括製造成本及銷管費用），以及賺得預期利潤（加成百分比）的因素。	單位售價＝（單位製造成本＋單位銷管費用）×（1＋加成百分比）。
2.以製造成本為加成的基礎	在此法之下，由於加成的基礎為製造成本，所以銷管費用的回收便要與預期利潤考慮於加成百分比中。	單位售價＝單位製造成本×（1＋加成百分比）。
3.以變動成本為加成的基礎	在此法之下，由於加成的基礎為變動成本，所以固定成本的回收便要與預期利潤同時考慮於加成百分比中。	單位售價＝單位變動成本×（1＋加成百分比）。
4.撈油式定價策略	在產品初上市時，為求短期內回收成本並賺取利潤，之後再降低售價，回復正常合理的價格。	產品初上市時，先定高價，之後再降低回原來合理的價格。
5.滲透式定價策略	又稱低價深入定價法，在產品初上市時，訂一個很低的價格，刺激消費，增加市占率，等到市場地位穩定，再逐漸調回原來合理的價位。	產品初上市時，先訂低價，之後再調回原來合理的價格。

知識補充站

左述所說的撈油式定價策略最佳的例子就是曾經很流行的電子雞。在電子雞這項產品初上市時，單位定價高達好幾百元，其實製造一個電子雞成本是很低的，因此，出現了許多販賣這項產品的商店，且吸引了消費者的目光，使製造電子雞的廠商大賺了一筆，不但在短期內回收成本，同時也賺取暴利。但是後來流行風潮過後，這些廠商也消失了。至於現在電子雞的價格，大概也不到100元。所以，這種定價策略就是管理階層為了達到在短期回收成本的目的而產生的。

Unit 12-3 目標成本制

先前定價方法的介紹，都是以成本為基礎，加上預期的利潤，再來決定售價。但是在市場處於非常競爭的狀態時，所有市場上的競爭者並沒有價格決定權，因此原先的定價方法可能會使廠商訂出過高的價格，而在市場上失去競爭力。目標成本制正是一個解決的方法。

一、什麼是目標成本制

所謂目標成本制指的是，利用蒐集到的市場價格資訊，包括利用問卷調查消費者對產品的認知價格以及競爭者的定價，先訂出符合市場現況且具競爭力的目標價格，再決定預期的報酬，由目標價格減去預期利潤，就是目標成本。若實際成本與目標成本很接近，就表示企業是具競爭力的；若實際成本與目標成本有差距，就要透過一些成本分析的技術，發現問題所在。例如，是否在購買原始材料時，議價能力太差而導致直接材料過高等問題，並進行責任的歸屬與成本的控管；若實際成本過高，甚至高於目標價格，此時，企業就要進行流程改造或價值工程。

所謂價值工程是指，對企業整個價值鏈（如右圖所示）上的職能先進行評估，為了要達到在滿足顧客需求下降低成本的目標而進行改造的工程。價值工程可以改進產品的設計、使製造處理流程更有效率等。

二、目標成本定價的步驟

步驟一：選擇目標價格

利用問卷進行市場調查，取得消費者對商品的喜好及認知價格，並且也蒐集市場上競爭者的價格，以決定目標價格。

步驟二：決定預期利潤

這個部分是由管理階層決定的，必須考慮企業所能承擔的成本、風險、目標投資報酬率及能接受的合理利潤，以及其他因素。

步驟三：求得目標成本

透過目標價格扣除公司預期利潤，就得到目標成本。

步驟四：進行成本分析

比較實際成本與目標成本的差異，若差異不大，可能只要針對有問題的地方進行管理即可。

步驟五：價值工程

在比較實際成本與目標成本的差異後，若差異很大，表示企業的營運可能有問題或效率太差，因此就要進行價值工程，找出可以抑減或無效率的項目，以改善企業體質，使實際成本控制在目標成本內。

三、成本會計的目的

透過瞭解企業的定價策略，不論是以成本或市價為定價的基礎，重要的是，成本的計算與記錄是否正確，以及蒐集的資訊是否有用，才能訂出合理的價格。成本會計的目的就是要提供正確可靠的成本計算，以及提供管理階層有用的資訊，使得企業的營運更有效率，決策較不易偏差。

第12章習題

一、選擇題

( ) 1. 下例何者為定價策略的內部因素？
(A) 產品特性
(B) 產品成本
(C) 管理階層的預期
(D) 以上皆是。

( ) 2. 妞妞犬貓用品公司，生產犬貓專用洗潔精，每單位成本資訊如下：直接材料$25、直接人工$15、變動製造費用$10、固定製造費用$12、變動銷管費用$8、固定銷管費用$5，假設公司以全部成本為加成基礎，加成百分比為20%，請問公司的定價為多少？
(A) $90
(B) $80
(C) $70
(D) $100。

( ) 3. 承上題，若公司是以製造成本為加成基礎，加成百分比為30%，請問公司的定價為多少？
(A) $80.6
(B) $60.56
(C) $85
(D) $90。

( ) 4. 承第2題，若公司是以變動成本為加成基礎，加成百分比為50%，請問公司的定價為多少？
(A) $87
(B) $77
(C) $65
(D) $45。

( ) 5. 明玥公司的管理階層最近決定對即將新上市的產品定很低的價格，以求增加市占率，請問明玥公司所採行的定價策略為何種策略？
(A) 撈油式定價策略
(B) 滲透式定價策略

(C) 目標成本制
(D) 作業基礎定價策略。

二、計算題

1. 中華大哥大電話公司計畫在近期推出一種多功能的新型電話機，其行銷部門經理將新型電話機的相關成本資料列示如下：

直接材料（每具）	$12
直接人工（每具）	10
變動製造費用（每具）	9
固定製造費用	60,000
變動銷管費用（每具）	5
固定銷管費用	35,000
使用資本總額	50,000
預期使用資本報酬率	30%
成本加成	20%
銷貨量	10,000 具

試作：以下列各種方法訂定每具電話機之售價：
(1) 全部成本加成定價法。
(2) 變動成本加成定價法。
(3) 製造成本加成定價法。

2. 反斗城公司想要出新產品——可愛萌兔，公司決定運用定價策略，欲搶先占有市場比例。為配合該政策，行銷經理取得下列有關新產品的相關資料，作為調價的參考：

每單位變動製造成本	$100 / 隻
每單位變動行銷成本	$13 / 隻
全年固定製造成本	$1,220,000
全年固定行銷成本	$530,000
可愛萌兔的市場需求	2,000,000 隻/ 年

試作：該公司應實施何種定價策略？該產品單位定價應為何？

3. 克利司公司專門製造美術燈出售給設計公司，行銷經理建議將公司的產品分為高級美術燈及復古美術燈兩類。利潤規劃部門負責為這兩種新產品定價，依公司政策參考現行資料作為定價的參考。利潤規劃部門蒐集的資料列示如下表：

	高級美術燈	復古美術燈
預計每年需求單位數	12,000	10,000
預計單位製造成本	$10	$13
預計單位銷管費用	$4	$5

試作：

(1) 高級美術燈，採「製造成本加成定價法」訂定單位售價（加成30%）。

(2) 復古美術燈，採「全部成本加成定價法」訂定單位售價（加成20%）。

4. 史瑞克公司專門承製顧客訂購的貨車，價格由$10,000到$250,000之間。過去20年，公司決定貨車之售價時，乃先估計材料、人工及一定比例之分攤製造費用，再加上估計成本的20%。例如，最近一訂單的價格決定如下：

直接材料：$5,000
直接人工：$8,000
製造費用：$2,000
加價：20%
售價：$18,000

製造費用係估計全年費用總額，再按直接人工之25%分攤費用。若顧客不接受此售價，致業務蕭條時，公司常願意將加價降至估計成本的5%。因此，全年平均加價約為15%。

該公司經理目前剛完成一項定價課程訓練，認為公司可採用課程所教的一些現代計價方法。這項課程強調按邊際貢獻來定價，而他也感覺此方法有助於決定貨車的售價。

製造費用總額（不包括當年度推銷與管理費用）估計為$150,000，其中$90,000為固定費用，其餘與直接人工成本呈等比例變動。

試作：

(1) 若上列訂單顧客只願出價$15,000而非$18,000，試計算利潤之差異。

(2) 在不增減利潤的情況下，貨車可能之最低報價。

(3) 列示採用邊際貢獻來定價的優點。

(4) 指出按邊際貢獻計價可能有的陷阱。

5. 福爾摩沙公司是一鐘錶製造商，該公司的定價策略向來是以產品的全部成本加成20%。今該公司有一款卡通型鬧鐘，定價$300，其每單位標準成本如下：

變動製造成本	$150
已分攤固定製造成本	25

變動銷管費用	50
已分攤固定銷管費用	?

試作：

(1) 計算公司每座卡通型鬧鐘需分攤多少固定銷管費用？

(2) 若卡通鬧鐘的定價不變，但成本加成基礎改為：變動成本；製造成本，則其成本加成的百分比應該各為多少？

6. 素還真電子公司打算投入時下熱門的電子寵物市場，以下是該公司生產部門所預估的成本資料：

年產量	單位變動成本	固定成本
30,000	$150	$1,000,000
30,001～60,000	100	1,300,000
60,001～100,000	60	1,900,000

而該公司行銷部門預估，在不做任何廣告宣傳的情況下，每隻定價$600的電子寵物全年可出售25,000隻；若將每隻電子寵物的定價降至$400，則預估全年可出售50,000隻；此外，若公司每年願額外投入$100,000的廣告費用以及每隻$10的推銷成本，並降低每隻電子寵物的售價為$350，則可將銷售量提升至全年80,000隻。

行銷部門所增加的廣告及推銷成本並未包含在生產部門所預估的成本中。

試作：計算並說明應生產多少數量的電子寵物，方能為公司帶來最大利益？（25,000隻、50,000隻或80,000隻）

第12章解答

一、選擇題

1. (D)
2. (A)，($25＋$15＋$10＋$12＋$8＋$5)×(1＋20%)＝$90
3. (A)，($25＋$15＋$10＋$12)×(1＋30%)＝$80.6
4. (A)，($25＋$15＋$10＋$8)×(1＋50%)＝$87
5. (B)

二、計算題

1. 中華大哥大電話公司：

(1) 全部成本加成定價法：

總成本＝變動成本＋固定成本
＝（$12＋$10＋$9＋$5）×10,000＋（$60,000＋$35,000）
＝$455,000

單位售價＝單位成本×（1＋加成百分比）
＝（$455,000÷10,000）×（1＋20%）
＝$54.60

(2) 變動成本加成定價法：

單位售價＝單位變動成本×（1＋加成百分比）
＝（$12＋$10＋$9＋$5）×（1＋20%）
＝$43.20

(3) 製造成本加成定價法：

總製造成本＝變動製造成本＋固定製造成本
＝（$12＋$10＋$9）×10,000＋$60,000
＝$370,000

單位售價＝單位製造成本×（1＋加成百分比）
＝（$370,000 ÷ 10,000）×（1＋20%）
＝$44.40

2. 反斗城公司應採滲透式定價策略，因為該策略能於產品上市時，吸引消費者注意到這項產品，以犧牲短期利潤方式進入市場。採用滲透式定價策略僅需考慮所有變動成本，而不須考慮任何固定成本。

單位售價＝$（100＋13）＝$113

3. 克利司公司：

(1) 高級美術燈，採「製造成本加成定價法」：
單位售價＝$10×（1＋30%）＝$13

(2) 復古美術燈，採「全部成本加成定價法」：
單位售價＝（$13＋$5）×（1＋20%）＝$21.60

4. 史瑞克公司：

(1) 若顧客只願出價$15,000而非$18,000，試計算利潤之差異。
由於貨車的製造成本不會隨訂單價格變動，故其利潤的差異為$3,000（$18,000－$15,000）。

(2) 若該訂單為額外定單，則接受$15,000價格仍會為公司帶來$1,200的利潤（$15,000－$13,800＝$1,200）。

(3) 採邊際貢獻定價，在於強調某一訂單所發生的成本與其收益間的關聯，同時也可以估計某一訂單對利潤的影響，並看出價格的最底限。

(4) 以邊際貢獻計價的主要缺點為忽略了固定成本。雖然以短期的觀點來看，固定成本可以忽略不計，但就長期的觀點而言，企業要繼續生存，必須要能收回固定成本。

5. 福爾摩沙公司：

(1) 計算公司每座卡通型鬧鐘需分攤多少固定銷管費用？
單位售價＝單位成本×（1＋20%）
$300＝$（150＋25＋50＋應分攤固定銷管費用）×（1＋20%）
應分攤固定銷管費用＝$25

(2) 變動成本加成定價法：
單位售價＝單位變動成本×（1＋加成百分比）
300＝（150＋50）×（1＋x%）⇒ x＝50%
製造成本加成定價法：
總製造成本＝變動製造成本＋固定製造成本
＝（$12＋$10＋$9）×10,000＋$60,000＝$370,000
單位售價＝單位製造成本×（1＋加成百分比）
300＝（150＋25）×（1＋x%）⇒ x＝71.43%

6. 素還真電子公司：

產銷單位數	**25,000單位**	**50,000單位**	**80,000單位**
銷貨收入（600；400；350）	$15,000,000	$20,000,000	$28,000,000
變動成本（150；100；70*）	3,750,000	5,000,000	5,600,000
邊際貢獻	$11,250,000	$15,000,000	$22,400,000
固定成本	1,000,000	1,300,000	2,000,000**
營業利益	$10,250,000	$13,700,000	$20,400,000

*$（60+10）
**$（1,900,000+100,000）

因此，該公司應產銷80,000隻的電子寵物，才能為公司創造最大的利益。

非例行性決策分析

章節體系架構▼

Unit 13-1 決策成本

決策成本是評估決策的過程中，從界定問題、擬定可行方案、蒐集資料到作成決策時，依照不同的目的加以修正後，適用於特定問題所需的成本。

決策成本與會計成本不同。會計成本為歷史成本，是實際發生的各項成本；決策成本則為未來成本，表示在假定的情況下，預期將發生的成本，且在各種不同的觀念下所計算的成本，經必要的刪除、增添及代替後所決定的成本，無須與經常的帳戶相連結，亦不必根據一般的會計原則。

一、攸關成本與無關成本

攸關成本為隨決策之選擇而改變的成本，亦稱相關成本或有關成本。因為在各種不同的方案下，會有不同的未來成本，所以，攸關成本是隨決策的選擇而變化的預計未來成本。

凡不受決策之選擇而改變的成本，即為無關成本，亦為非攸關成本，係指不因決策之不同而改變的過去成本。例如，不論工廠是否決定停產，其機器的折舊費用及廠房租金等成本都將一直發生，不會受到決策的影響，此即無關成本。

二、各項決策成本

(一)機會成本：係指對機會價值的一種衡量，為了某一特定目的而使用有限資源，所必須放棄其他方案損失的潛在最大利益，或者將同一資源用於其他用途時所能獲得的收益。利用機會成本觀念之衡量，可以瞭解對某一特定目的之決策是否已經充分利用有限資源，而達到最佳的利潤目標。

(二)可免成本與不可免成本：所謂可免成本，係指與企業的某一部分（某一部門或某項產品）有著密切的關係，當該部分被取消時，則此項成本亦隨之消失。不可免成本則指不會隨某部分的取消而免除的間接成本，故為決策之無關成本。當某部分被取消時，不可免成本會依然存在，所以應該重新分配至其他沒有被取消的部門或產品。

(三)差異成本：亦稱增額或增支成本，係指有兩種不同方案或同一方案不同水準時，將其予以比較，所得總成本之差額。差異成本與決策關係相當密切，為一項攸關成本。

(四)沉沒成本：沉沒成本為已經發生的一項支出，在目前或未來不論採行任何方案均無法收回的歷史成本。此項成本係由於過去的決策所產生，屬於過去的一種承諾成本，且不會受到未來的任何決策而有所改變，故為一項無關成本。在做決策分析時，沉沒成本必須加以剔除，不予考量。

(五)重置成本：重置成本係指過去所取得的資產，現在則以目前的物價水準（即現時價格）來重新購入相同資產所需支付的成本，其與歷史成本所代表實際成本的意義不同。

5種決策成本

1.機會成本

★ 意義：係指對機會價值的一種衡量，為了某一特定目的而使用有限資源，所必須放棄其他方案損失的潛在最大利益，或者將同一資源用於其他用途時所能獲得的收益。

★ 例如：當有A、B兩個方案可選擇，若選了A方案，則放棄的B方案價值就為機會成本。

2.可免成本

★ 意義：隨著不同的方案，而可以避免的成本。

★ 例如：某各製造機器的公司，其自行生產組裝機器時所需的零件，但現在公司決定要向外購買，因此公司就可以停止生產零件，此時因為停產而可以避免支出的成本就稱為可免成本。

3.差異成本

★ 意義：亦稱增額或增支成本，係指有兩種不同方案或同一方案不同水準時，將其予以比較，所得總成本之差額。

★ 例如：某公司正在考慮是否要重置公司的舊設備，若選擇重置，則購買新設備的支出則視為差異成本。

4.沉沒成本

★ 意義：沉沒成本為已經發生的一項支出，在目前或未來不論採行任何方案均無法收回的歷史成本。在做決策分析時，沉沒成本必須加以剔除，不予考量。

★ 例如：廠房的折舊。

5.重置成本

★ 意義：重置成本係指過去所取得的資產，現在則以目前的物價水準（即現時價格）來重新購入相同資產所需支付的成本。

★ 例如：未來重新購置的設備、材料等所需支付的成本。

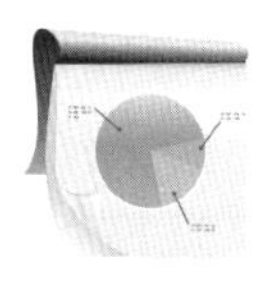

Unit 13-2 非例行性決策分析應用

一、決定是否接受額外訂單

企業在平常的營運活動中可能會收到客戶的額外訂單，公司應該接受訂單嗎？此時管理人員除了需考量攸關成本外，還需考量公司的產能。以下將舉例說明。

(一)有閒置產能：假如大成公司的最高產能可以生產$20,000單位的產品，目前只生產10,000單位，生產一單位產品的變動成本為$20，總固定成本為$200,000，產品售價為$50，現在有一客戶要求要訂1,000單位的產品，出價為$30，請問大成公司應生產嗎？在公司有閒置產能的情況下，大成公司若接受此訂單則公司能多出$10,000(($30－$20)×1,000)的淨利，因此大成公司應該接受這項額外訂單。

(二)無閒置產能：延續上例，假設公司的產能100%使用，則公司該接受此訂單嗎？若接受此訂單可以增加$10,000〔($30－$20)×1,000〕的收入，但必需放棄現有的訂單，則產生機會成本$30,000〔($50－$20)×1,000〕，使公司淨利降低$20,000，因此不應接受此額外訂單。

二、決定零件的自製或外購

公司對於生產產品中所需的零件，除了自行生產外，也可以選擇外購。例如，某間生產牛奶的公司，其裝牛奶的瓶子，有些公司會自行生產瓶子，有些則會向外購買。

公司在決定自製或外購決策時，需考慮財務面及非財務面的因素。在財務面應考慮自製時公司所需增加的製造成本與外購價格間的差異，若自製時所增加的成本大於外購，則公司應選擇外購，若自製所增加的成本小於外購，則應自製。而非財務面的因素則包括供應商的供貨品質、供應商是否能如期交貨或在是未來的原料、人工成本是否會上漲。

三、決定產品應逕行出售或繼續加工

有些公司可以在不同的製成階段，去出售半成品或完成品，此時公司可能常會面臨應在哪個階段出售對公司來說是最有利的問題。例如某豬肉產品業者，其可直接出售豬肉，或者是將豬肉加工成肉鬆、豬肉乾等產品後在出售。而逕行出售或繼續加工的決策可考慮在商品分離點後的加工成本與增額收入間的差額，若分離點後的加工成本大於增額收入，則應立即出售；反之，則應繼續加工。

四、決定部門是否停工

當企業出現某一部門長期以來都處於虧損的狀態，因此企業可能會考慮是否該裁撤掉此部門，以免對企業整體造成影響。例如，某公司的A部門全年度的淨損為$30,000，因此決定將A部門停工，但經過分析後，發現A部門停工，還是需繼續支付$50,000（不可免成本）的固定成本，因此停工後反而會有更多的虧損。綜上所述，決定部門是否停工的決策，應考慮可免成本與不可免成本間之關係。

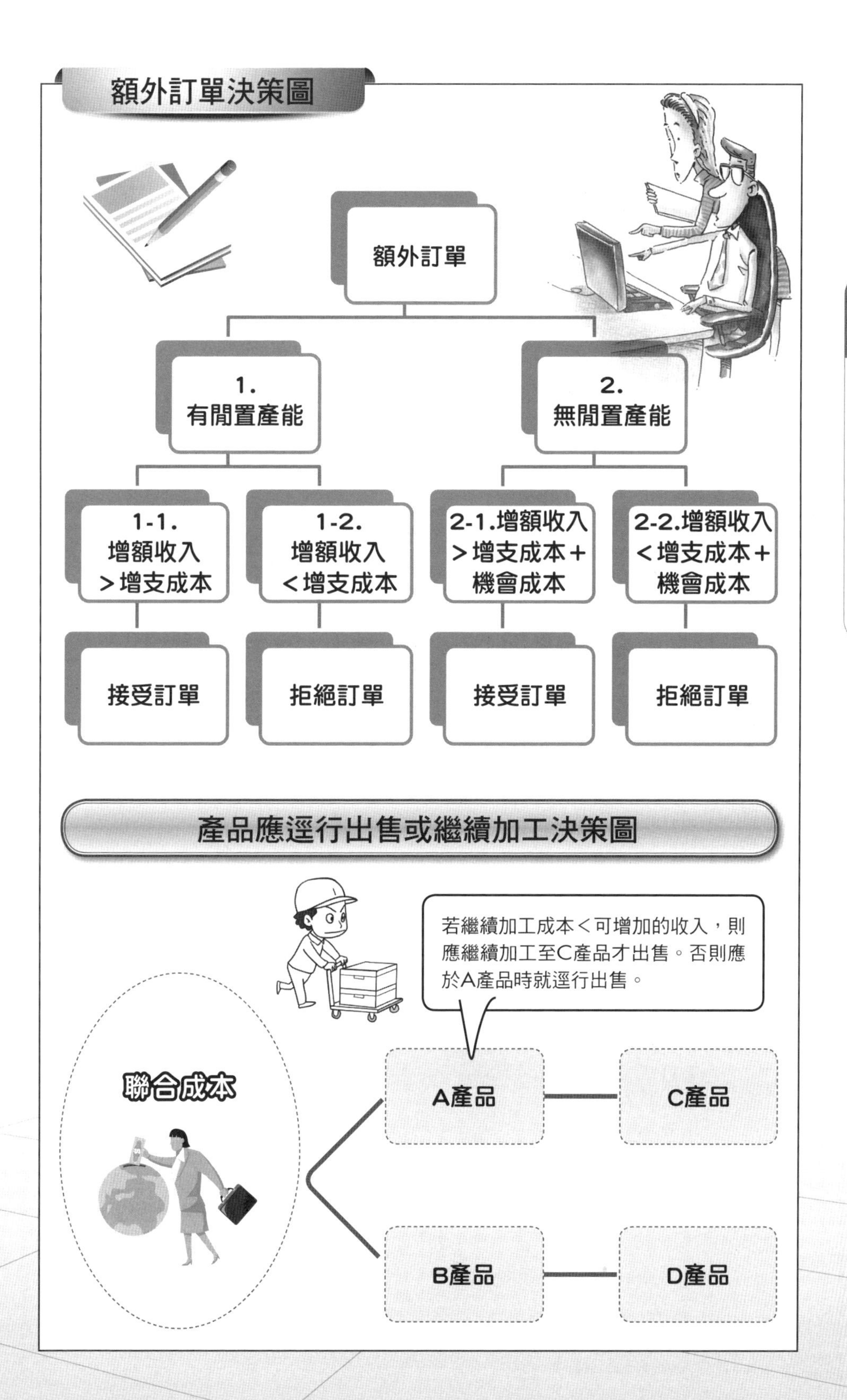
額外訂單決策圖
額外訂單
1. 有閒置產能
2. 無閒置產能
1-1. 增額收入 >增支成本
1-2. 增額收入 <增支成本
2-1.增額收入 >增支成本+ 機會成本
2-2.增額收入 <增支成本+ 機會成本
接受訂單
拒絕訂單
接受訂單
拒絕訂單
產品應逕行出售或繼續加工決策圖
若繼續加工成本<可增加的收入，則應繼續加工至C產品才出售。否則應於A產品時就逕行出售。
聯合成本
A產品
C產品
B產品
D產品

第13章習題

一、選擇題

( ) 1. 處分舊機器的損失屬於何種成本？
(A) 機會成本
(B) 攸關成本
(C) 非攸關成本
(D) 重置成本。

( ) 2. 下列有關決策成本的敘述，何者為誤？
(A) 機會成本用於有限資源時，對機會價值的一種衡量
(B) 沉沒成本為已經投入的支出，但仍受未來決策而改變
(C) 應負成本係指企業應負擔而未實際發生的成本
(D) 可免成本係指企業在裁減某一部門時，所免除的變動成本。

( ) 3. 下列何者非為攸關成本？
(A) 應負成本
(B) 差異成本
(C) 可免成本
(D) 不可免成本。

( ) 4. 決定是否關閉工廠或停產的決策時，不應以何種資訊考量？
(A) 直接成本法
(B) 全部成本法
(C) 邊際貢獻
(D) 可免成本。

( ) 5. 作成立即出售或加工決策，需要下列何種資訊？
(A) 增額收益與增支成本
(B) 增額收益與減支成本
(C) 減額收益與增支成本
(D) 減額收益與減支成本。

( ) 6. 白力公司將需要用50,000單位的零件，若自已生產此零件，則每單位的變動製造成本為$20，固定製造費用每單位為$10，但需租用一臺機器，租金為$20,000。但若選擇向外購買，則每件零件定價為$25，請問白力公司應如何選擇？

(A) 選擇外購
(B) 選擇自製
(C) 兩者無差異
(D) 資訊不足，無法作決策。

( ) 7.家見公司生產5,000單位的產品，每單位成本為$10，售價為$20。若進一步將產品加工，可得3,000單位的高級產品，加工成本為$8,000，售價為$35，則公司應立即出售還是加工後再出售？
(A) 加工後出售，利潤多$8,000
(B) 加工後出售，利潤多$3,000
(C) 立即出售，利潤多$8,000
(D) 立即出售，利潤多$3,000。

二、計算題

1. 多芬公司的最高產能為生產500,000單位的產品，正常產能為450,000單位。每生產一單位產品的直接材料為每單位$5，直接人工$3，變動製造費用$1.5，固定製造費用總共$2,250,000。另外，變動銷管費用為每單位$9，總固定銷管費用為$700,000。一單位的銷售價格為$30。有一家客戶欲訂購600,000單位的特殊產品，且其產品的售價僅為$20。由於客戶此特殊訂單已超過多芬公司的產能負荷，所以必須另外租一臺機器，租金為$1,000,000。請問多芬公司應否接受這項訂單？

2. 羅那多公司將需要使用10,000 單位的零件，若自己生產此零件，則每單位直接材料為$5，直接人工為$6，變動製造費用為$4，固定製造費用總共為$8,000，但尚需租用一臺機器，租金為$100,000。若選擇向外購買，則每件零件定價為$20，另外尚需租一個小倉庫來存放訂購品，租金為$40,000。請問羅那多公司應自製或外購？

3. 英格蘭公司3年前買入一部舊設備，估計年限13年，成本$52,000，殘值為0，以直線法折舊。現市面上有一種新型機器也能生產同種產品，售價$80,000，耐用年限10年，無殘值，每年營業成本較舊設備節省$7,000。若真要汰舊換新，則此時舊機器能賣到$20,000。公司經理貝克漢卻認為不應汰舊換新，因為會造成損失，其分析如下：

新機器每年節省成本		$70,000
新機器成本	$80,000	
處分舊機器的損失	20,000	100,000
汰舊換新的損失		$(30,000)

另外，舊機器的製造成本為每年$30,000，銷貨收入為$70,000，銷管費用為

$22,000。

請問：

(1) 貝克漢的分析是否正確？否則，正確的分析為何？

(2) 用攸關成本分析汰舊換新，對公司是否有利？

4. 歐德公司有一臺生產用的舊機器，原始成本為$30,000，尚可使用5年，殘值為零，每年折舊$3,000，目前的帳面價值為$20,000，淨變現價值為$15,000。歐德公司現在想要將機器汰舊換新，經詢問後，這臺新機器的定價為$40,000，估計年限5年，殘值為零，每年折舊$8,000，且估計新機器可使每年製造成本節省$10,000。請問歐德公司的設備是否可以汰舊換新？

第13章解答

一、選擇題

1. (C)
2. (B)，沉沒成本不受未來決策改變
3. (D)
4. (B)
5. (A)
6. (B)，外購成本：$1,250,000
   自製成本：($20×50,000+$20,000)=$1,200,000
   自製成本較低，應選擇自製
7. (D)，立即出售：5,000×$20=$100,000
   繼續加工：3,000×$35−$8,000=$97,000
   因此立即出售比繼續加工多$3,000的利潤

二、計算題

1. 銷貨收入：(600,000×$20)=$12,000,000
   成本與費用：
   直接材料$3,000,000 (600,000×$5)
   直接人工$1,800,000 (600,000×$3)
   變動製造費用$900,000 (600,000×$1.5)
   變動銷管費用$5,400,000 (600,000×$9)
   增支固定成本$1,000,000
   成本與費用總計：$12,100,000
   淨利：$12,000,000−12,100,000=$(100,000)
   若多芬公司接受這項特殊訂單，將會使淨利轉為負數，所以不應該接受此訂單。

2. 外購：
   購價總額：100,000×$20=$200,000
   增支固定成本：$40,000
   總計：$240,000
   自製：
   直接材料：100,000×5=$50,000
   直接人工：100,000×$6=$60,000
   變動製造費用：100,000×$4=$40,000

增支固定成本：$100,000

總計：$250,000

差異成本：$240,000－$250,000＝$(10,000)

由於自製的成本較外購多出$10,000，所以公司應該選擇外購零件。

3. (1) 貝克漢的分析並不正確，因為除了舊機器的成本、折舊外，處分舊機器的損益也是非攸關成本，因此正確的分析如下：

新機器10 年節省成本：$70,000

新機器成本：$80,000

出售舊機器的收入：$(20,000)

汰舊換新的利得：$10,000

(2) 攸關成本分析：

10 年節省成本：$70,000

新機器成本：$(80,000)

出售舊機器收入：$20,000

汰舊換新利得：$10,000

4. 比較使用新機器所多出的利益：

5年節省的成本：5×$10,000＝$50,000

出售舊機器的收入：$15,000

新機器的成本：($40,000)

收入增加數：50,000＋15,000－40,000＝25,000

由於歐德公司使用新機器可以獲得較多的利益，所以應該選擇汰舊換新。另外，在此決策中，舊機器的原始成本、帳面價值及折舊費用已經為沉沒成本，與決策無關，所以不需加以考慮。

第14章 資本支出預算

章節體系架構

Unit 14-1 基本概念

假設今天您是公司的主管，通常需要針對企業的投資計畫做出決策，與公司長期性投資計畫相關者為資本支出（非收益支出，收益支出通常為短期性且作為當期費用）。資本支出又稱資本投資，係指分析各資本支出的方案。由於資本的支出通常金額相當龐大，例如機器設備及廠房的增添、改良、重新安裝及遷移（此部分的會計處理在中級會計學固定資產章節提及）等，必須審慎考慮何種方案應納入資本支出預算中，以及決定資金籌措的方式。而且資本支出所要評估的效益往往超過一個會計期間以上，所以是一種長期性的投資與理財之決策，為整體預算之一環。

一、資本支出決策之考量

由於資本支出為企業營運基礎，且本身支出金額龐大、投資期間長以及風險不確定性高，公司在做決策採此方式可確保資本投資的收回，進而協調及控制各支出方案以建立投資方案的優先順序，進而追蹤考核與分析過去的決策以求得合理的利潤。在評估資本支出決策時，所必須考量的重要攸關資訊有以下幾項：1.原始成本，即購買金額、運費、保險及安裝費等，能使設備達到可供狀態的一切費用；2.營運現金流量，包括現金收入、現金支出以及所得稅支出等；3.設備殘值；4.折現率，即公司預期的投資報酬率；5.通貨膨脹率，以及6.其他，如購買設備所享有的投資抵減、投資初期供周轉的營運資金等。

由必須考量的攸關資訊可以看出，其實在做資本支出決策時所用的就是財務管理方面的知識，如將未來現金流量加以折現評估等。

二、資本預算編制步驟

資本預算通常所涉及的投資金額都相當龐大且期間都很長，但基本上可以區分為以下的六個步驟：

步驟一：確認投資計畫，從公司各個投資方案中選出與公司欲達成的目標一致的方案。

步驟二：取得可行的投資方案的相關資訊，例如：投資計畫未來的現金流入、現金流出及投資期限等財務資料，及相關會影響投資決策的非財務資訊。

步驟三：利用本章之後將介紹的方法來評估各項投資方案。例如：會計報酬率法、還本期間法、淨現值法、內部報酬率法。

步驟四：將各方案所評估後的結果，依優先順序排序。

步驟五：在完成投資方案的優先方案後，應開始著手取得投資方案所需投入的資金。取得資金管道包括：直接向股東籌取資金、向銀行舉借長期借款或是於權益證券及債券資本市場籌募資金。

步驟六：為了確保計畫如期進行並達到預期目標，應於計畫執行後，定期追蹤執行情況，並在事後評估績效，瞭解差異原因，以供未來投資方案決策參考。

資本預算的編制步驟

1.確認投資計畫

2.蒐集相關資訊

3.評估投資方案

4.排序投資方案

5.財務規劃

6.執行計畫及評估績效

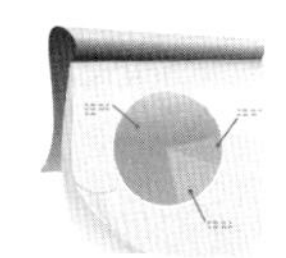

Unit 14-2 評估資本支出的方法

公司主管在進行資本支出預算所採行的通常有還本期間法、會計報酬率法、淨現值法及內部報酬率法，茲就上述方式加以介紹說明之。

一、還本期間法

還本期間法係衡量投資所產生的稅後淨現金流入能使成本回收所需要的時間。我們通常希望效益期間大於還本期間，且還本期間愈短者愈佳，因為此期間愈短，通常公司運用資金變現能力愈強。若企業資金不充裕或資金籌措困難者宜採本法，並且可由還本期間長短判定風險大小。此法優點在於計算簡單、易於瞭解。但是未考慮貨幣時間價值及還本期間後之現金流量及殘值，同時所計算出還本期間短並不代表獲利能力大。

二、會計報酬率法

會計報酬率法亦稱會計或財務報表法、未調整報酬率法，係以權責基礎為依據，為平均每年稅後淨利除以投資成本來求得投資報酬率，藉由此項報酬率，我們可以作為績效衡量及獲利能力測度之依據。公司主管通常會要求會計報酬率大於本身最低要求報酬率，且會計報酬率愈高者愈佳。

會計報酬率法優點在於計算簡單易於瞭解，且考慮整個效益期間收益，我們採用此方式以便與其他方案、部門或同業比較。但是採用會計報酬率法在未考慮貨幣時間價值下，報酬率可能產生不精準的情形。

三、淨現值法

淨現值法係將未來的現金流入量，按合理的預期投資報酬率折算為現值，再將現值減去投資成本，求得淨現值。淨現值法所算出淨現值大於零，且求得數值愈高者愈佳。採用此法優點在於考慮貨幣時間價值及整個效益期間所有現金流量（包括殘值），同時允許效益期間內採用不同的折現率。缺點在於較不易使用、折現率必須先行決定，且投資額或經濟年限不等時，本法難以比較。相關步驟為：1.估計未來現金流入及流出金額；2.決定折現率，即投資計畫所要求的最低報酬率；3.將投資計畫效益年限內所有現金流量折現；4.計算NPV，以及5.制定決策（NPV大於等於零時，可接受此決策）。

四、內部報酬率法

採用內部報酬率法係計算出令淨現金流入現值總額等於投資成本的折現率，亦即NPV＝0的報酬率。當內部報酬率大於或等於公司最低要求報酬率時，即可接受此投資方案。採用內部報酬率法優點在於其考慮貨幣時間價值及整個效益期間的所有現金流量（包括殘值），依照報酬率高低排定投資方案的優先順序，當折現率不易決定時，適用本法並且可克服比較基準不一之困擾。

計算淨現值步驟圖

現金流量（步驟一）

↓ 折現率（步驟二）

現值（步驟三）　　原始投資額

↓

淨現值（步驟四）

↓

制定決策（步驟五）

評估方法比較表

方法	優、缺點	公式
1.還本期間法	優點：計算簡單、易於瞭解。 缺點：未考慮時間價值及還本後的現流。	$\frac{\text{原始投資額}}{\text{每年稅後淨現金流入}}$
2.會計報酬率法	優點：計算簡單、易於瞭解。 缺點：未考慮時間價值。	$\frac{\text{平均稅後淨利}}{\text{平均投資額}}$
3.淨現值法	優點：考慮貨幣時間價值及整個效益期間所有現金流量（包括殘值）。 缺點：不易使用、需先決定折現率。	$\sum_{i=1}^{n}\frac{CF_i}{(1+k)^i}-I_0$ I_0：原始投資額；k：折現率； CF_i：第i期的稅後淨現金流量； $\frac{1}{(1+k)^i}$：第i期的每一元現值
4.內部報酬率法	優點：考慮貨幣時間價值及整個效益期間所有現金流量（包括殘值）。 缺點：計算困難且較費時。	$\sum_{i=1}^{n}\frac{CF_i}{(1+R)^i}-I_0$ I_0：原始投資額；R：內部報酬率； CF_i：第i期的稅後淨現金流量； $\frac{1}{(1+R)^i}$：第i期的每一元現值

第14章習題

一、選擇題

( ) 1. 評估資本預算方案時，以下何者為應考慮的因素？
(A) 投資成本
(B) 現金流量
(C) 折現率
(D) 以上皆是。

( ) 2. 何者不是還本期間法的缺點？
(A) 未考慮還本期間後之現金流量及殘值
(B) 計算太過於簡單
(C) 未考慮貨幣時間價值
(D) 無法比較獲利能力。

( ) 3. 下列有關會計報酬率的敘述，何者為誤？
(A) 係以權責基礎為依據
(B) 會計報酬率必須大於最低要求報酬率，方可接受
(C) 平均每年稅前淨利除以投資成本來求得
(D) 考慮整個效益期間的收益。

( ) 4. 令NPV＝0，折現率即為：
(A) 內部報酬率
(B) 外部報酬率
(C) 會計報酬率
(D) 平均報酬率。

( ) 5. 從事資本投資決策，下列何者非為因應風險問題的解決之道？
(A) 以現金流量折現法取代非現金折現法
(B) 延長或縮短還本期間
(C) 調整預期報酬估計數
(D) 調整風險報酬率。

( ) 6. 何者不是淨現值法的缺點？
(A) 未考慮還本期間後之現金流量及殘值
(B) 計算不易
(C) 需先決定折現率

(D) 以上皆是。

( ) 7. 在使用淨現值法時，相關的步驟為？(1)估計未來現金流入及流出金額、(2)決定折現率，即投資計畫所要求的最低報酬率、(3)將投資計畫效益年限內所有現金流量折現、(4)計算NPV、(5)制定決策

(A) (1)(2)(3)(4)(5)

(B) (1)(2)(5)(4)(3)

(C) (2)(1)(3)(4)(5)

(D) 以上皆非。

( ) 8. 以下何種評估方法有考慮貨幣的時間價值？(1)淨現值法、(2)內部報酬率法、(3)還本期間法、(4)會計報酬率法

(A) (1)(2)

(B) (2)(3)

(C) (3)(4)

(D) 以上皆是。

二、計算題

1. Qoo飲料公司研發出新產品，需要購置新機器來生產。此新機器購價$1,000,000，可用8年，無殘值。另外，該機器估計每年可替公司帶來$300,000的銷貨收入，但也產生$75,000的現金支出。如果公司採直線法提列折舊，所得稅率為35%，則該新機器的還本期間為多少？

2. 巨人腳踏車公司欲在汐止工業園區設置分工廠以擴充產能，預計投資成本為$11,000,000，可用10年，殘值為$1,000,000。估計每年可以產生銷貨收入$4,000,000、費用$2,000,000（不包括折舊）。如果公司採直線法提列折舊，所得稅率為35%，則該工廠的會計報酬率為多少？若公司訂定的最低要求報酬率為10%，則應否進行擴廠計畫？

3. 得來速公司正在評估下列資本投資方案：

成本	$1,200,000
還本期間	4 年
每年淨現金流入	?
使用年限	8 年
殘值	0
淨現值	?
最小報酬率	15%

請計算出每年淨現金流入、淨現值。

4. 大海電子公司欲購置一$240,000的新設備，其殘值為$30,000，估計可用6年。若估計公司前6年的稅後淨利分別為$25,000、$15,000、$30,000、$40,000、$35,000及$10,000，若公司要求的最小投資報酬率為10%，則依淨現值評估法，且採年數合計法折舊，公司應否投資該設備？

5. 開心果食品工廠由於產能不足，打算投資$800,000購置新生產機器。該機器殘值$100,000，可用5年，且預估前5年以此機器生產出的產品可帶來稅後淨現金流入分別為$210,000、$200,000、$150,000、$240,000、$180,000。試問內部報酬率為何？若公司的最低要求報酬率為12%，則開心果公司應否接受此投資方案？

第14章解答

一、選擇題

1. (D)
2. (B)，計算簡單為優點
3. (C)，應為稅後淨利除以投資成本
4. (A)
5. (B)
6. (C)，淨現值法已經考慮了貨幣的時間價值。
7. (A)
8. (A)

二、計算題

1. 每年折舊費用＝$1,000,000÷8＝$125,000
   稅前淨利＝$300,000－$75,000－$125,000＝$100,000
   所得稅＝$100,000×35%＝$35,000
   每年淨現金流入＝$300,000－$75,000－$35,000＝$190,000
   還本期間＝$1,000,000÷$190,000＝5.26 年

2. 每年折舊費用＝($11,000,000－$1,000,000)÷10＝$1,000,000
   平均稅前淨利＝$4,000,000－$2,000,000－$1,000,000＝$1,000,000
   平均稅後淨利＝$1,000,000×(1－35%)＝$650,000
   平均投資額＝($11,000,000＋$1,000,000)÷2＝$6,000,000
   ARR＝$650,000÷$6,000,000＝10.83 %＞10%，所以進行擴廠計畫。

3. 每年淨現金流入＝$1,200,000÷4年＝$300,000
   淨現值＝\$300,000×$P_{8,15\%}$－$1,200,000＝$1,346,196－$1,200,000＝$146,196

4. 1＋2＋3＋4＋5＋6＝21
   第一年折舊費用＝($240,000－30,000)×6/21＝$60,000
   第二年折舊費用＝($240,000－30,000)×5/21＝$50,000，以下類推。

年	稅後淨利	折舊	淨現金流入	折現因子	現值
1	25,000	60,000	85,000	0.9091	77,274
2	15,000	50,000	65,000	0.8264	53,716
3	30,000	40,000	70,000	0.7513	52,590
4	40,000	30,000	70,000	0.6830	47,810
5	35,000	20,000	55,000	0.6209	34,150
6	10,000	10,000	20,000	0.5645	11,290
					276,830

淨現值＝$276,830－$240,000＝$36,830＞0，故可以投資。

5. 假設內部報酬率＝R

NPV＝0

$$\frac{\$210,000}{(1+R)}+\frac{\$200,000}{(1+R)^2}+\frac{\$150,000}{(1+R)^3}+\frac{\$240,000}{(1+R)^4}+\frac{(\$180,000+\$100,000)}{(1+R)^5}$$

先使用「試誤法」，得到：

R＝12%時，NPV＝$(34,890)

R＝10%時，NPV＝$6,677

再使用「插補法」求得IRR：

10%－R/6,677－0＝10%－12%/6,677－(－34,890)

經過交叉相乘後，得出R＝10.32%

由於內部報酬率＝10.32%＜公司的預期投資報酬率12%，所以這個計畫不能被接受！

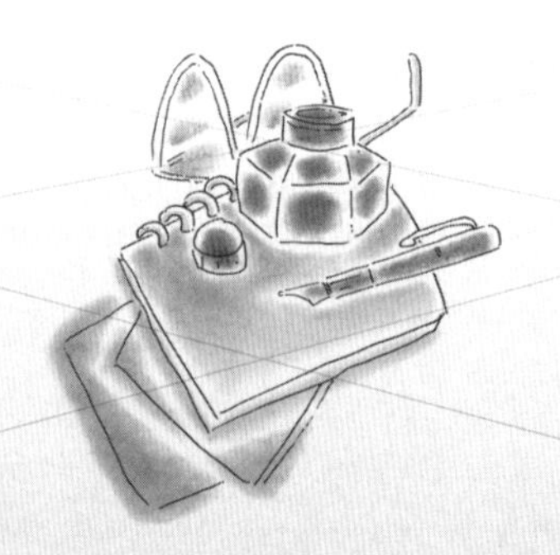

公司部門間轉撥計價

章節體系架構

Unit 15-1 轉撥計價之基本觀念

一、轉撥計價之意義

企業不僅僅對外會有交易的發生，企業內部各部門之間通常也會有往來的服務或產品交易，例如，小小公司為一個高度分權化的公司，其A部門將其生產的產品移轉給公司的B部門，而當企業組織內部發生此類的產品或勞務交易時，其價格稱之為「轉撥價格」。而此轉撥價格就為轉出部門（A部門）的收入，同時此轉撥價格也為轉入部門（B部門）的成本。但轉出部門往往都是希望提高出售價格，而轉入部門則是希望價格愈低愈好，因此可能會產生定價上的衝突。此外，轉撥價格與部門績效息息相關，尤其是當企業屬於一個非常分權化的組織時，部門績效更是對各部門影響甚鉅，因此，如何決定一個適當的轉撥價格是企業必須審慎評估的課題。

二、轉撥計價之功能

一般來說，轉撥計價通常具有以下三個功能：

(一)目標一致性：在分權化的制度下，各部門的主管對於轉撥價格的決定可能會以部門績效或個人績效最大化為考量，但卻可能會違背企業的整體目標，甚至對整體造成不利的影響。例如某機器製造公司，其機器組裝部門所需的零件可從外面供應商購買，或者是由公司內部的零件製造部門購得，機器組裝部門主管有權決定是否接受零件製造部門所提出的價格，此時公司的內部轉撥價格應與企業整體目標一致，才能使企業整體利益極大化。

(二)績效評估：在分權化的制度下，部門主管需對其部門的績效好壞負責，而轉撥價格會影響轉出及轉入部門的利益，在此情況下可能會做出有損於公司整體價值的決策，因此管理階層可利用轉撥計價制度，來改善此一情況，以增加績效評估的合理性及公平性。

(三)部門自主性：公司在制定內部轉撥計價制度時，應尊重部門的權利，避免過度干預轉撥價格的制定，而使部門喪失自主權。

三、轉撥計價的一般通則

在現實的情況下，很少有能有一個最適的轉撥價格能同時滿足目標一致性與部門自主性，但可大致歸納出一個訂定轉撥計價的法測，概據此法則，在根據我們所面臨的狀況，訂出最佳的轉撥價格。

轉撥價格＝每單位增支成本＋每單位失去的機會成本

所謂每單位增支成本為每增加一單位生產所需多付出的成本，而機會成本就是選擇某項活動需放棄的利益。

轉撥計價情況

轉出部門

轉撥價格

轉出部門

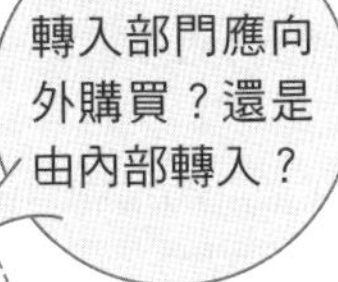

轉入部門應向
外購買？還是
由內部轉入？

外部顧客

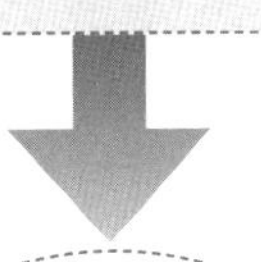

外部供應商

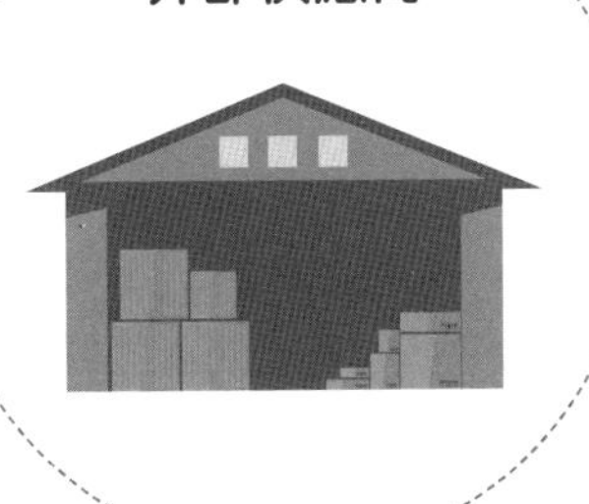

轉 撥 計 價 的 功 能

2.績效評估

1.目標一致性

3.部門自主性

轉撥計價
的功能

Unit 15-2 轉撥計價的方式

一、以成本為基礎的轉撥計價

以成本為基礎的轉撥價格即以生產產品的成本作為內部的轉撥價格，而其中對成本的定義可以是之前章節所學過的任何成本計算方法，例如變動成本法、全部成本法、實際成本或者是預算成本等。

但不管是採變動成本法或是全部成本法為轉撥計價的基礎，還是會發生一些缺點，例如，若公司是採用變動成本為轉撥價格的基礎，則會發生所有的邊際貢獻全都屬於轉入部門的情形，這對轉出部門是不公平的。轉出部門以變動成本去出售勞務及商品，其收入只能回收變動成本，使其部門的邊際貢獻為零，還需負擔固定成本的損失。因此若管理當局強迫其移轉，則會傷害部門的自主權。而全部成本為基礎是以轉出部門的產品或勞務的全部變動成本與固定成本來作為轉撥價格，但卻會造成反功能性決策的情形發生。

而成本加成法為基礎是將全部成本會變動成本加上一個成數，而此方法可以解決採變動成本法時，轉出部門無邊際貢獻的問題，使轉出部門提高其轉出之意願。

採成本為基礎的轉撥計價方式簡單可行，但在考慮部門間的獲利情形卻不一定可行，因為在衡量時的指標—投資報酬率（淨利／投資額） 以及剩餘收益（淨利－投資×必要報酬率）係以利潤中心或投資中心為導向而非成本中心，故在衡量部門績效時，有其困難之處。

二、以市價為基礎的轉撥計價

在探討以市價為基礎的轉撥計價前，必須先瞭解在討論內部轉撥計價時，目標一致性是一項非常重要的觀念。所謂目標一致性係指當一個決策制定時，必須同時對公司整體以及各部門是最佳的。若部門選擇對自己最好的策略，但此策略對公司而言卻不是最好的，則我們說此決策並未達到目標一致性。

以市價為基礎的轉撥價格即是以該類似產品或服務在市場上的價格為內部轉撥價格，或者是該公司產品或服務對外出售的價格為內部轉撥價格。在以市價為基礎的轉撥價格下，往往可使公司利潤極大化，但是在以市價為基礎的轉撥價格，必須要考量到彼此部門間的獨立情形以及所訂轉撥價格在市場上價格是否具有競爭力。

三、協議轉撥計價

有時當該產品或服務在市場的價格常有劇烈波動，或者是產品的製造成本並不穩定時，若採用上述二法可能使轉撥價格波動過大，因此，有時公司會允許各部門或各子公司採協議價格的方式。此外，轉入部門所需的勞務或商品無法從外取得、轉出部門有閒置產能等情形時，都能使用協議基礎的轉撥計價，協議價格隱含著買賣雙方有很大的議價空間，因此最後可以訂出一個雙方都滿意的轉撥價格。

協議轉撥計價的適用情況

1.市場價格有劇烈波動

2.製造成本不穩定

協議轉撥計價適用情況

3.轉出部門有閒置產能

4.轉入部門所需的勞務或商品無法從外購入

轉撥計價比較表

轉撥計價方式	優　　點	缺　　點
1.以成本為基礎的轉撥計價	計算簡單。	1.若以變動成本為基礎，會使轉出部門無邊際貢獻。 2.若以全部成本為基礎，會造成反功能性決策。
2.以市價為基礎的轉撥計價	客觀反映產品的獲利能力。	現實生活中，公開市場並不存在。
3.協議轉撥計價	各部門擁有自主權。	1.協議過程太耗時。 2.轉撥價格的決定可能取決於談判能力。 3.談判失敗，造成組織分裂。

第15章習題

一、選擇題

( ) 1. 請問以下哪個是轉撥計價的功能？
(A) 目標一致性
(B) 部門自主性
(C) 績效評估
(D) 以下皆是。

( ) 2. 請問轉撥價格的一般通則為？
(A) 固定成本
(B) 變動成本
(C) 固定成本加變動成本
(D) 變動成本加機會成本。

( ) 3. 假設雷根公司有兩部門，其中A部門製造產品所需的零件可從外面供應商以每單位$200購得或是從公司B部門購得，B部門生產此零件的每單位售價及成本資訊如下：直接原料$20、直接人工$50、變動製造費用$80、固定製造費用$20及對外售價為$300，假設B部門現有閒置的產能，則轉撥價格為多少？
(A) $300
(B) $200
(C) $250
(D) $150。

( ) 4. 承上題，若B部門現在並無置產能，則轉撥價格為多少？
(A) $300
(B) $200
(C) $250
(D) $150。

二、計算題

1. 中華鋼鐵公司建立焦炭及鼓風爐作業為兩個利潤中心，煉爐提煉焦炭，其中80%的焦炭供鼓風爐之用，鼓風爐所使用之焦炭，每噸按$6計入該利潤中心，此價格為當時市價減除行銷成本（包括重大之運費）。另外，每年正常產量80,000噸中，剩餘之20%焦炭之變動成本為每噸$4.5。焦炭部門一年之固定成本為$40,000。

鼓風爐部門經理具有向外採購的權力，他發現一可靠的獨立焦炭製造商，可以每噸$5之長期合約價格提供焦炭。而中華鋼鐵公司焦炭部門之經理卻聲稱，為維持有利的營運，無法接受每噸$5之報價。焦炭部門指出若每年增加固定生產及運輸設備之支出$60,000，則該部門每年之正常產出皆得以每噸$6外售。惟將增加其他行銷費用每噸$0.50，所增加固定成本可使變動生產成本每噸減少$1.50。

試作：

(1) 假定中華鋼鐵公司外售之焦炭無法超過正常產量的20%，試為焦炭部門經理列式計算，以助其決定是否接受每噸$5之內部價格。

(2) 為最高管理當局列式計算，以助其決定是否增加投資，並將焦炭部門產品全部外售。

2. 華聯公司的甲部門生產電子馬達，其中20%出售給另一乙部門，剩餘的則出售給外部消費者，華聯公司將部門個別視為一個利潤中心，允許部門經理自行選擇其銷售對象及原料來源。公司政策規定，所有部門間之買賣均要按照相當於變動成本的轉撥價格入帳。甲部門基於全部產能100,000單位所估算出來的今年銷售收入及標準成本如下：

	乙部門	外部消費者
銷貨收入	$900,000	$8,000,000
變動成本	(900,000)	(3,600,000)
固定成本	(300,000)	(1,200,000)
銷貨毛利	$(300,000)	$3,200,000
銷售單位	20,000	80,000

今年甲部門有機會將原先允諾賣給乙部門的20,000個馬達出售給消費者，售價是每單位$75，而乙部門若要向外部購買，其所需價格則是每單位$85。

試作：

(1) 假設甲部門欲使其銷貨毛利最大化，它該接受新的顧客並終止與乙部門間之銷售行為嗎？計算出甲部門將增加或減少的銷貨毛利來支持你的看法。

(2) 假設中華公司同意部門經理以協議的方式來決定轉撥價格。兩部門經理同意增加之銷貨毛利由兩部門共享，試問真正的轉撥價格到底是多少？

3. 大同公司的A部門生產扇葉，其中的1/3出售給B部門，剩餘的則出售給外部消費者。A部門估計今年的銷貨收入及標準成本如下：

	A部門	外部消費者
銷貨收入	$15,000	$40,000
變動成本	(10,000)	(20,000)
固定成本	(3,000)	(6,000)
銷貨毛利	$2,000	$14,000
銷售單位	10,000	20,000

現今B部門可依每單位$1.25的價格持續向外部購得10,000單位同品質的扇葉。假設除了20,000位之外，A部門無法將多生產的扇葉出售給外部消費者，固定成本也無法降低，而部門設備亦無法移作其他用途。

試作：中華公司該允許B部門向外部購買所需的扇葉嗎？計算該公司因而增加或減少的營業成本來支持你的看法。

4. 中華公司包括三個分權的部門：B部門、C部門與D部門。中華公司總裁授權三個部門經理決定其產品是否在公司外部銷售，或在部門之間按部門經理決定的轉撥價格出售。市場上的狀況則是不論銷售行為係公司內部或外部均不影響市場或轉撥價格。三部門均有中間市場以供應製造用原料以及產品之出售。每位部門經理均企圖在目前現有的營運資產水準下，使邊際貢獻極大化。C部門經理正考慮下列兩筆訂單：

① D部門需要3,000個馬達，而這些是C部門可以供應的產品。為了生產這些馬達，C 部門必須以每單位$600的價格向B部門購買零件，B部門這些產品的變動成本為每單位$300。C部門對這些零件再加工的變動成本為每單位$500。如果D部門無法向C部門取得這些馬達，就會向L公司以每單位$1,500的價購得，而L公司係向B部門以每個$400的價格購買這些馬達，此時，B部門變動成本為每個單位$200。

② W公司想以每單位$1,250的價格向C部門購買3,500個類似的馬達；C部門向B部門取得零件的轉撥價格為每單位$500；B部門這些零件的變動成本為每單位$250；C部門再加工的變動成本為每單位$400。

C部門的產能是有限的，它可以選擇接受D部門訂單或W公司的訂單，但不能兩者都接受。中華公司總裁與C部門經理均同意不論在長期或短期的觀點而言，均不宜提高產能。

試作：

(1) 假設C部門經理希望將短期的邊際貢獻極大化，C部門經理究應接受D部門的訂單，抑或接受W公司的合約，請以適當的計算過程支持你的論點。

(2) 不論第(1)題之答案為何，假設C部門決定接受W公司的合約，試論這項決定是否為中華公司之最佳利益？請以適當之計算支持你的論點。

第15章解答

一、選擇題

1. (D)
2. (D)，轉撥價格的一般通則為變動成本加機會成本
3. (D)，轉撥價格為$20＋$50＋$80＝$150
4. (A)，轉撥價格為$20＋$50＋$80＋($300－$150)＝$300

二、計算題

1. 中華鋼鐵公司：
   (1) 由於外售之焦炭不超過正常產量的20%，故64,000噸的焦煤並無其他市場，因此，焦炭部門經理堅持不接受每噸$5之報價，則鼓風爐部門不得不轉而向外購買，如此必造成焦炭部門損失剩餘產能，且損失利潤32,000 [64,000×$(5－4.5)]。
   (2)

收入增加（減少）$(6－5)×80,000×80%	$64,000
製造費用減少（增加）$(1.5－0.5)×80,000	80,000
投資設備	(60,000)
投資淨利得（損失）	$84,000

   公司應增加該投資，此舉將使公司增加$84,000利得。

2. 華聯公司：
   (1) $90,000÷20,000＝$45
   $45＜$75
   因此，甲部門為使銷貨毛利最大化，會接受新的顧客，並終止與乙部門之銷售行為。
   (2) 總利潤＝$85×20,000－$900,000＝$800,000
   因此，兩部門各享$400,000利潤，故單位轉撥價格＝$(900,000＋400,000)÷20,000＝$65

3. 大同公司若允許B部門外購：

A 部門收入增加（減少）$(15,000－10,000)	$(5,000)
B 部門外購成本減少（增加）$(1.5－1.25)×10,000	2,500
外購淨利得（損失）	$(2,500)

因此，大同公司不應同意B部門外購。

4. 中華公司：

(1) 若接受D部門訂單，則淨利將增加\$(1,500－1,100*)×3,000＝\$1,200,000
若接受W公司合約，則淨利將增加\$(1,250－900**)×3,500＝\$1,225,000
因此，C部門應接受W公司合約。
*\$（600＋500）
**\$（500＋400）

(2) 若接受D部門訂單：
公司成本減少＝\$(1,500－200)×3,000＝\$3,900,000
若接受W公司合約：
公司淨利增加＝\$(1,250－650)×3,500＝\$2,100,000
因為\$3,900,000＞\$2,100,000，故，接受D部門訂單為公司之最佳利益。

第16章 投資實務與案例分享

章節體系架構

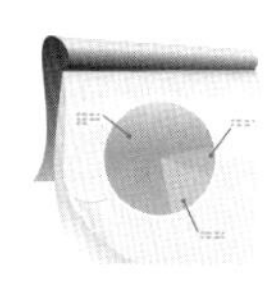

Unit 16-1 創業投資注意事項

投資可以分為：新創事業投資、擴大營業規模及創新營運模式（如：數位轉型、全通路發展等）投資，不論是哪一種類型的投資都要慎重評估成本效益，以避免風險，提高成功率。

創業失敗率高，古今中外皆然，存活且持續經營也很難超過10年，因此本文就選擇創業投資為例，分析投資應注意事項，供讀者參考。

一、選擇有興趣的行業投資

隔行如隔山，要慎選自己的專業及有興趣的領域投資，才容易掌握全局並持續下去。同時要掌握生態系各供應及合作廠商的多樣及穩定性，才能維持穩定的產品或服務品質，以獲取顧客的喜愛與信賴，奠定品牌基礎。創業是艱辛的路程。即使有獲利，沒有興趣及熱情支撐，當面臨各種壓力和挑戰時，半途而廢者比比皆是。

二、掌握市場趨勢

科技日新月異，資訊傳播及內容變化的速度一日千里，消費者的行為模式也快速發展，加上競爭者眾，產品選項多，生命週期日漸縮短，品牌忠誠度也不若以往堅固。為因應此趨勢，一定要建構蒐集資訊能力，再輔以AI人工智慧的分析，才能充分掌握市場，生產符合消費者的產品與服務，再應用科技體驗方式，提升產品價值。

三、明確且堅持的品牌理念

消費者以產品功能作為購買決策的行為模式逐漸式微，取而代之的是對品牌理念的認同，而成為企業的忠誠顧客。

在創業初期一定要明確定義品牌，建立核心價值，並輔以系統經營品牌的策略架構。對內向員工說明品牌理念，形成年度計畫；對外向消費者及供應商宣導以取得長期的支持。唯有持續傳達品牌理念及堅持核心價值，才有利於企業永續發展。

四、打造學習型的創新團隊

除了一致性的品牌理念，企業仍需持續性地勇於創新，不論是產品的製造及服務流程的優化，都要不斷創造消費者的體驗價值，要做到這一點，非要打造一個積極學習的團隊不可。而方法是有一套完善的選才、育才、留才的制度。例如：即時的獎懲考核，鼓勵創新的企業文化，並兼顧**營運流程**、**顧客滿意**、**財務績效**及**學習成長**四個面向均衡發展的平衡計分卡。

五、推動數位轉型，調整商業模式，創造顧客價值

網路發達，應用科技創新營運模式已是市場主流。在COVID-19疫情衝擊下，更加速零接觸的商業模式及全通路的發展（online Merge offline）。如何應用AR、VR創造體驗價值、AI人工智慧精準行銷及推動共享平台生態系合作等數位轉型的營運模式優化，是企業必須面對的重要課題。

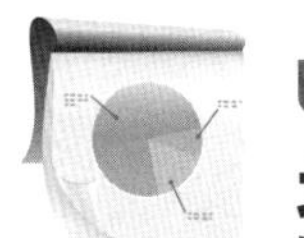

Unit 16-2 投資成本分析

介紹創業投資在經營管理上應注意事項，本單元就以商業服務業（批發、零售、餐飲、物流業）之餐飲業創業為例，是選擇自己創業，還是加盟連鎖品牌創業，分別分析其投資成本之差異，供讀者參考。

一、自行創業的成本分析

(一)期初投資成本，每月攤提費用控制在每月營收的20%

期初投資成本項目如下：

1. 設備折舊。
2. 門市租金。
3. 貸款利息。

以上3項每月支出總和，不宜超過月營收的20%。

(二)預估並完成每月營收

1.計算門市所屬商圈每日（平日、假日分別計算）人流量。

2.估算商圈內競爭者家數及各家店每日來客數及營業額（如到店家消費取得每日第一張及最後一張發票，以估算消費筆數，並配合菜單價格，推估客單價）。

來客數╳客單價＝營業額

3.推估自己門市在所屬商圈的市占率，以計算來客數。並根據菜單結構及訂價估算客單價，再依此計算大約營業額。

(三)根據估算之每月營收決定期初投資成本

1.根據來客數、客單價、預估翻桌率（每一餐食營業時段的座位週轉數）來決定座位數（加上吧台及櫃台即為外場空間）。

2.再根據商品品項及烹飪方式，決定廚房設備、動線及作業空間（內場空間）。

3.內場空間＋外場空間決定要租用門市的面積，再依據所需來客數及交通狀況，決定門市地點位置，最後決定租金費用的金額。

4.有了以上的營業額、成本結構分析，就知道設備裝潢可以負擔的等級及金額，以決定每月折舊費用。

5.最後，期初成本每月要支付多少利息費用，就可以評估創業貸款的額度及利率了。

餐飲業的業態（如：火鍋店、飲料店、吃到飽自助餐、排餐、套餐） 不同，成本結構自然有所差異。內用、外帶、外送的營運模式，也會影響成本結構，讀者要自己評估（以下，營運中成本亦同）。

(四)營運中的成本結構分析

1.期初成本占營業額20%。

2.人事成本占營業額25~30%。

3.食材成本占營業額35~40%。

4.其他成本（行銷、水電、瓦斯）占營業額10%。

以上第2、3項如果控制在下限分別是25%及35%，則每月成本是90%，淨利為10%，與經濟部統計處統計全國餐飲業平均淨利約11%相近。

控制成本是很重要，再做好產品及服務品質，創造顧客價值，提高營收及邊際貢獻率，也是獲利最好的方法。

最後提醒，如果是在百貨公司、大賣場開店營業，其包底抽成的收租金方式與街邊店單純的租金有所不同，讀者也應特別注意。

二、加盟連鎖品牌創業

連鎖加盟創業的營運模式與自行創業不同，成本結構也有所差異，除了前面分析的成本結構之外，尚有下列應負擔的加盟金、權利金、保證金：

(一)加盟金：對於連鎖總部將商標授權給加盟者使用，及教導經營Know-How，加盟者支付給總部一次性費用，稱為加盟金。加盟金的多寡則視連鎖總部品牌強度與當地市場狀況及授權範圍而定。

(二)權利金：加盟者營運後，對於總部持續給予教育訓練、產品創新、市場行銷等的指導而支付給總部的對價稱為權利金。

權利金一般是採取定期定額或者定率的方式給付，市場上大部分是以每月營收的一個百分比支付給總部，至於多少百分比才算合理？仍然是看總部品牌強度、市場狀況及授權程度而定。

(三)保證金：為確保加盟者履行加盟合約的義務，總部向加盟者收取的一次性費用，做為違約賠償或者終止合約後續移除等相關的費用支付，類似房客繳交給房東的保證金。

除了以上3項費用之外，與自行創業不同之處，尚有年節、新品上市分攤促銷費用，及定期的教育訓練費用等，需要注意的是加盟連鎖經營還需搭配總部指定的設備、裝潢、食材等的採購，而不是自行決定。

選擇加盟創業，看似額外增加一些費用及配合總部的規定，但有下列好處：

1.分享總部品牌價值，快速提高市場接受度。

2.縮短產品及服務研發製造摸索期，迅速建立健全營運模式。

3.得到總部完整的新品開發、行銷、教育訓練的輔導，創業者有可遵循的流程，專注在營業品質的維護。

4.自行創業開店三年存活率不到一成，加盟開店三年存活率平均可提高到約六成以上。

以上加盟優點是否發揮作用，也取決於所選擇的總部品牌。一般而言，存在歷史較久的連鎖總部品牌。加盟創業成功率較高，不論如何，在選擇時，還是要向已經加盟的創業者詢問欲加盟之總部對待加盟者的指導、教育訓練及行銷規劃等，是否有依加盟合約落實執行，才不會誤入歧途。

Unit 16-3 案例分享

國內餐飲業自創的本土品牌，並以連鎖展店經營較成功的有王品、鼎泰豐、85°C、瓦城、CoCo飲料及日出茶太…等。屬於國際連鎖品牌授權在台灣經營的則有麥當勞、星巴克、肯德基、達美樂、雲雀國際等品牌。

以下列本土餐飲品牌為例，分享其成功因素，供有興趣創業投資者參考：

案例一：王品餐飲集團

(一)以「龜毛家族條款」樹立清廉企業文化。

例如：董事長二等親內族人，不得進入集團服務，員工開的車，價格不得超過台幣100萬元等。

(二)以「獅王創業」策略鼓勵優秀員工創立並經營新品牌，暢通升遷管道，以有效防止員工被挖角。

(三)擅長「事件行銷」吸引媒體報導，免費建立企業品牌形象。

例如：包下北廻火車，開放員工眷屬參與到花蓮開股東會，並命名為中常會等。

(四)首創餐飲業作業流程的 SOP ，建立良好服務品質形象，達到顧客滿意的「三哇效果」——哇！好漂亮、哇！好好吃、哇！物超所值。

(五)王品旗下每個品牌都採取單一價，讓顧客容易根據預算及喜好選擇用餐，更方便商場宴客，免去主、客在點餐時不知如何選擇高、低單價菜色的尷尬。

王品創辦人用以上各種策略，打造王品成為國內餐飲業第一品牌，成功提升國內餐飲業的市場地位。而王品也曾經是國內大學生就業選擇的前3名品牌，同時品牌價值也曾經位居國內前10大品牌。

王品牛小排

石二鍋

hot 7新鐵板料理

藝奇新日本料理

圖片來源：王品集團官方網頁

案例二：85°C連鎖咖啡

(一)打造創業旗鑑店，聘任5星級飯店主廚為蛋糕師父，打出35元也有好咖啡優質平價的品牌定位。開幕時並以1元優惠價促銷商品，成功吸引媒體大幅報導，建立品牌知名度。

(二)創業短短3年，門市超過300家，其中90%以上是加盟店，成功以門市規模打響品牌並創造市場占有率。

(三)藉由加盟金、權利金及供貨策略成功快速募集資金。

(四)到上海開旗鑑店，增加麵包產品，提升民眾到店日常消費率，並以前店後廠模式生產麵包，香氣及軟Q口感，快速擄獲上海消費者的胃，打造國際品牌地位。

(五)掌握政府「鮭魚返鄉」「回台第一上市櫃」等降低上市櫃門檻及條件的政策。在台灣上市成功再度募集資金成功，並以之吸引國際人才，擴展品牌奠定厚實基礎。

85°C目前仍然在美國、澳洲、大陸、台灣等地持續經營，近年均位居國內前20大品牌價值之列。

圖片來源：85°C 官方網頁

案例三：鼎泰豐

(一)慎選食材來源，堅持做工流程品質，樹立美味好吃的品牌形象。

(二)以每個小籠包重21公克（皮6克，內餡15克）及表皮18個皺摺的標準化品質口號，打造成為台灣小籠包第一品牌。

(三)公開廚房產品製作流程，讓消費者親眼看到，創造體驗價值。

(四)建置完善員工福利制度，連基層洗碗員工薪水都超過4萬元，整體人力成本估營收超過40%，打破市場慣例，也因此提升人力資源效率，並靠營業額成長，提高邊際貢獻率，在擴大營業規模之際仍然持續獲利。

(五)每日早上透過視訊會議，解決前一日營業發生的問題，快速回應市場需求及顧客問題，並持續創新精進。

鼎泰豐目前在台灣門市均為直營，並未開放加盟，而在國際推展方面，均採取品牌授權或合資經營模式，也是台灣具國際知名度的餐飲品牌。

圖片來源：鼎泰豐官方網頁

圖書館出版品預行編目資料

解成本與管理會計／馬嘉應, 張展鏡著 －－
版. －－臺北市：五南圖書出版股份有限公
2021.04
3N 978-986-522-535-3（平裝）
戊本會計 2.管理會計
5.71 110002890

1G92

圖解成本與管理會計

作　　者 — 馬嘉應、張展鏡
發 行 人 — 楊榮川
總 經 理 — 楊士清
總 編 輯 — 楊秀麗
主　　編 — 侯家嵐
責任編輯 — 侯家嵐
文字編輯 — 邱淑玲、許宸瑞
封面設計 — 盧盈良、姚孝慈
內文排版 — 張淑貞
出 版 者：五南圖書出版股份有限公司
地　　址：106台北市大安區和平東路二段339號4樓
電　　話：(02)2705-5066　　傳　　真：(02)2706-6100
網　　址：https://www.wunan.com.tw
電子郵件：wunan@wunan.com.tw
劃撥帳號：01068953
戶　　名：五南圖書出版股份有限公司
法律顧問：林勝安律師
出版日期：2016年3月初版一刷
2020年4月初版五刷
2021年4月二版一刷
2022年3月二版二刷
2023年9月二版三刷

定　　價：新臺幣380元